10세 이전 육아는
대화가 전부다

아이의 회복탄력성을 기르는 엄마의 대화법

아이의 회복탄력성을 기르는 엄마의 대화법

10세 이전 육아는 대화가 전부다

김하영 지음

BOOK人ER

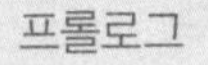

아이의 마음과 생각을 키우는 엄마의 한마디

세상 모든 부모는 자녀를 위하는 마음으로 최선을 다해 살아간다. 나도 한 명의 엄마로서 아이를 잘 기르고 싶다는 간절한 소망으로 온갖 육아서와 자녀 교육서를 읽어보았다. 그러고는 깨달았다. 우리나라에서 자식을 잘 키운다는 말은 사교육 없이 특수고와 명문대에 입학시키는 것을 의미한다는 사실을. 어느 책에도 인성이 바른 아이로 양육한 이야기나 인생의 행복한 주인으로 살아가게 이끈 이야기는 없었다.

부모들에게 아이를 어떻게 기르고 싶은지 물어보면 '잘 키우고 싶다'는 대답이 즉시 돌아온다. 어떻게 키워야 잘 키우는 것인지, 왜 잘 키우고 싶은 것인지 되물으면 많은 부모가 머뭇거린다. 한국 사회가 막연하게 그리는 잘 자란 아이란 학업이 우수해서 명문대에 척척 입학하는 아이고, 부모는 아이의 성적표에서 보람을 느끼는 듯하다.

하지만 부모가 양육자로서 아이를 잘 키우기 위해 고군분투하는 이유는 그저 똑똑하고 성적 잘 받는 아이로 만들기 위함이 아니다. 그보다 더 중요한 것은 바로 올바른 생각과 단단한 마음을 가진 행복한 아이로 자라게 돕는 것이다. 많은 부모들은 아이의 미래를 위해 성적이라는 지표에서 눈을 떼지 못하기도 한다. 심지어는 이제 막 5~6세가 된 어린 아이를 유명 영어유치원에 입학시키기 위해 소위 '7세 고시'를 준비한다는 부모의 이야기도 심심치 않게 듣게 된다. 하지만 진정으로 살펴보아야 할 것은 아이의 행복 성적표다. 아이가 인생의 행복한 주인으로 살아가지 못한다면 조급한 마음에 온 신경을 사교육에 쏟거나 시험을 챙기는 것도 아무런 의미가 없다. 지금 우리 아이에게 필요한 건 부모의 품 안에서 안정감과 진정한 행복을 느끼고 올바른 사람으로 성장해 나가는 것이다.

그렇다면 자녀가 태어나서 10살까지 부모에게 간절히 원하는 것은 무엇일까? 바로, 자신에 대한 부모의 조건 없는 '사랑'이다. 자녀가 부모에게 가장 원하는 것이 조건 없는 사랑이고, 부모의 기본 역할도 조건 없는 사랑이다. 사랑이라는 부모 역할에 대한 본질은 모든 부모들이 알고 있다.

한국 아이들은 태어나면서부터 부모의 부재와 만나고, 그 자리는 각종 시설과 교육이 대신 채운다. 유명한 산후조리원과 문화센터를 거쳐 이름난 어린이집과 유치원에 들어가고 비싼 학원에서 프리미엄 교육 서비스를 제공받는다. 초등학교에 입학하기도 전부터 주입되고 있는 교육 커리큘럼은 실제로는 청소년기에나 필요한 것이다. 자식을 성공적으로 키우고 싶은 마음만 앞서다 보니 교육이 역기능을 하게 되고, 그 부작용으로 청소년 문제가 시작되는 시점이 점점 앞당겨지게 되었다. 요즘은 유치원에서도 왕따나 폭력, 심지어 성과 관련한 갈등이 발생한다. 이는 아이들의 문제라기보다 부모들의 책임이다.

아이를 잘 키우려는 마음만 내세우지 말고 아이를 잘 키운다는 것이 무엇인지 부모가 가치관을 바로 세워야 한다. 많은 부모가 말로는 자식을 잘 키우고 싶다면서 아이들을 내 손으로 키우지 않고 사교육과 위탁교육만 찾아 남이 키워주는 것을 지켜보기만 하고 있다. 자식을 잘 키우는 것은 부모의 가장 중요한 권리이자 의무다. 부모 스스로 가치관을 굳건히 하지 않으면 부모의 귀는 얇아지고 유행한다는 교육법을 좇아 방향 없이 아이를 몰아가게 된다.

부모가 더 알아야 할 것은 자녀의 성장 시기마다 사랑이 달라진다는 것과 사랑이 자녀에게 전달되는 말에 관해서다. 내가 교육자로 약 30년, 엄마로 17년을 살면서 연구하고 깨달은 바를 간략히 정리하면 다음과 같다.

엄마 10년 수용의 사랑, 안내자.
엄마 20년 존중의 사랑, 협력자.
엄마 20년 이후 지혜와 분별을 근간으로 한 절제의 사랑, 멘토.

이 책에는 엄마 10년, 즉 자녀가 태어나 10살까지 있는 그대로 수용하고 안내자로서 엄마의 사랑을 전하는 말에 대한 이야기를 나누었다. 엄마의 마음사랑을 전하는 '말', 자녀의 마음을 살피는 '말'을 주고받는 대화가 부모 자녀 모두에게 가장 필요하다.

이 책을 읽는 부모의 이해를 돕기 위해 내가 자녀와 나누었던 대화 사례를 예시로 넣어두었는데, 그 부분을 읽으며 '어떻게 아이와 매번 이렇게 정석적인 방법으로 대화를 하겠어'라고 의아함이 들 수도 있다. 중요한 것은 아이가 스스로 다양한 사고를 하며 답을 찾을 수 있도록 유도하는 엄마의 질문이다. 부모 자녀의 대화의 원활한 시작은 부모의 발문에서 비롯된다. 정해진 답을 제시해 주는 대신, 아이 스스로 생각하는 힘을 기르게 하는 발문 방식을 자세히 살펴보길 바란다.

또, 나는 자녀가 존중과 공손한 마음을 갖추도록 아이에게 존댓말높임말을 가르쳤다. 존댓말을 사용하던 딸아이는 사춘기가 된 후 권위에 도전하듯이 반말의 수위를 높이고 있다. 딸아이의 권위에 도전하는 반말 반항을 경험하면서, 어린 시절 부모에게 반말을 하는 아이는 사춘기 이후 더 나아가 욕을 할 수도 있겠구나 싶다. 본문에 예시로 든 대화문에서 당시 자녀는 실제로 존댓말을 사용하였으나 요즘은 부모에게 반말을 하는 것이 예사로운 일이라 독자들에게 존댓말이 자연스럽지 못하게 느껴질 수 있다는 의견이 있어 평어체로 기록하였음을 미리 밝힌다.

아이가 10살이 되기까지 내가 고집하는 엄마의 역할을 한 문장으로 정리하자면 '아이가 엄마의 사랑을 느낄 수 있도록 하는 것'이다. 부모의 사랑이 부모의 말에 담겨 자녀에게 전해지고 자녀가 일상의 모든 순간에 부모의 사랑을 느끼기를 바라는 마음이다.

2025년 봄의 초입에서

김하영

차례

프롤로그 | 아이의 마음과 생각을 키우는 엄마의 한마디 · 4

1장 네게 진짜로 들려주고 싶었던 말

매번 안 된다고 하는 엄마의 속마음 · 14

아이에게서 배우자의 단점을 발견했을 때 · 23

솔직과 무례의 차이를 알면 그러지 않을 텐데 · 33

"엄마가 미안해. 그리고 사랑해" · 44

2장 가정에서 가장 많이 하는 말실수

주어가 '엄마'면 조언, '너'라면 잔소리 · 52

무의식에서 나오는 지시·감시·무시의 표현 · 60

권위적인 부모와 권위 있는 부모는 다르다 · 71

훈육보다 어려운 칭찬의 기술 · 83

무심코 내뱉은 한숨이 자존감을 꺾는다 · 93

'망태 할아버지'에서 '경찰 아저씨'로 이어지는 협박 · 104

3장 말 그릇에 어떤 마음을 담아 먹일까?

존중: 아무리 어려도 하나의 독립된 인격체 · 120

긍정: 내 아이가 평생 행복해지는 유일한 방법 · 131

공감: 경청에 굶주리는 아이들 · 141

회복: 엄마가 먼저 자신의 상처를 극복해야 하는 이유 · 150
감사: 아이는 존재 자체로 축복이기에 · 159
사랑: 사람은 물질적 지원만으로 완성되지 않는다 · 166

4장 넘어져도 다시 일어서는 힘

문제를 회피하지도 포기하지도 않는 습관 · 174
흥부의 마음과 놀부의 재물을 모두 가지려면 · 180
사고력의 깊이와 넓이 · 192
상황 판단력과 문제 해결력을 기르는 '요구' · 200
날개를 단 아이는 어디로든 날아갈 수 있다 · 218
'몰라요'만 하는 앵무새가 되지 않도록 · 227

5장 모든 아이는 이미 답을 알고 있다

어른 말씀만 잘 들으라고 가르친 결과 · 244
질문은 인간의 본능 · 253
세상을 바꾸는 위대한 한 글자 · 264
"너에게 한계란 없단다" · 273
말하지 않을 권리를 인정하라 · 285
일상의 언어가 달라지면 아이의 행동이 변한다 · 298

에필로그 | 아이와의 대화도 연습이 필요하다 · 310

1장

네게 진짜로 들려주고 싶었던 말

매번 안 된다고 하는 엄마의 속마음

로봇을 기르다

무엇인가에 대해서 느껴지는 감정이나 기분을 마음이라고 한다. 그런데 아이들에게 "네 마음은 어떠니?"라고 물으면 "모르겠어"라고 대답하는 일이 흔하다. 어떤 일을 선택할 때도 아이는 자기 마음을 담아 주장하지 못하고 "엄마는 어떤 게 더 좋아?"라고 되묻는다. 엄마의 의견을 들어주려는 배려가 아니라 엄마의 생각을 따르겠다는 뜻이다. 내 마음이 어떤지 잘 모르겠다는 말은 내가 내 마음의 주인이 아니라는 의미다. 마음의 주인이 자기 마음을 모를 수는 없다.

건강한 신체를 유지하기 위해서는 운동을 하고 몸에 이로운 음식도 먹으며 관리를 해야 한다. 마음도 마찬가지다. 건강한 마음을 위해서는 마음 관리가 필요하다. 요즘에는 마음의 주인을 잃어 버린 아이들이 많다. 아이 마음을 관리하기 위해서는 그 주인을 찾아주는 일이 먼저다.

아이의 마음은 아이가, 부모의 마음은 부모가 주인이어야 한다. 그런데 자기 마음도 잘 챙기지 못하는 부모들이 아이 마음의 주인 역할까지 맡으려 든다. 아이는 아직 어려서 마음이 없다고 생각하거나 마음이 서투르니까 부모가 그 역할을 대신해 주어야 한다고 여긴다. 그것이 바로 보호라고 믿는다.

하지만 행복하게 살아간다는 것은 좋은 것만 먹고, 입고, 보고, 배우는 것이 아니다. '인생의 문제를 다루는 방법은 그 문제를 직면하고 푸는 것'이라는 정신과 의사 스캇 펙Scott Peck의 말처럼 문제와 고통 없는 환경을 만들어주기보다 문제를 잘 다루는 힘을 가지고 살아가도록 해야 한다.

부모가 되어 보호자라는 이름을 달고 나면 아이의 마음을 아이에게 돌려주기가 참 어려워진다. 아이가 아직 어리다는 이유로 아이 마음을 부모 마음대로 조정하고 싶어진다. 나도 한때는 이런 핑계를 대며 누구에게나 자기만의 마음이 있다는 사실을 잊고 아이를 로봇처럼 조종하며 살았다. 유아교육을 전공했으니 아이의 심리나 아이를 다루는 기술은 충분히 파악하고 있다는 착각을 했고 누구보다 아이 마음을 이해하며 기르고 있는 줄 알았다.

"이건 안 돼! 그것도 안 돼!"

그러던 어느 날, 내 모습을 똑같이 흉내 내는 아이를 보며 아이가 마음 없는 로봇처럼 자라고 있다는 사실을 발견했다. 아이가 네다섯 살 무렵의 일이었다. 이웃에 사는 동생이 집에 놀러 왔는데 내 아이가 자기보다 어린 동생 옆에 딱 붙어 서서는 행동 하나 하나에 잔소리를 하고 있었다. 이것은 이래서 안 되고, 저것은 저래서 안 되니 가만히 자기 말만 듣고 움직이라고 했다. 동생이 지시를 따르지 않으면 왜 그렇게 하느냐며 혼내기도 했다. 동생을 통제하려 드는 아이의 모습을 관찰하고 있자니 보고 있는 내가 감옥에라도 갇힌 것처럼 답답해졌다. 동생에게도 하고 싶은 것과 하기 싫은 것이 있을 텐데 왜 네 마음대로만 하려고 하느냐며 아이에게 설교했다.

비슷한 상황을 여러 번 맞이하면서 아이가 동생을 대하는 태도는 내가 아이를 대하는 태도에서 비롯되었다는 것을 깨달았다. 아이의 마음을 존중하면서 스스로 조절하고 관리하는 방법을 알려주고 있다고 자부해 왔는데, 사실은 마음을 통제하며 엄마의 마음대로 움직이는 로봇을 만들고 있었다. 아이라는 스승에게 큰 배움을 얻은 순간이었다.

부모가 가진 눈은 아이의 행동을 좇는 데만 밝고 마음을 읽는 데는 어둡다. 그래서 아이가 마음을 다칠 때는 그런 줄 모르고 있다가 이상한 행동으로 표현된 후에야 알아차린다. 아이의 마음이 아프고 나서 뒤늦게 아이의 마음을 살핀다. 아이의 마음이 건강할 때부터 서로를 부드럽게 어루만지면 자연스레 아이의 행동에 안정감이 깃든다.

아이를 존중하면서 의도를 전달하는 대화

마음이 살아 움직이는 아이는 엄마가 독단적 결정을 내리려 할 때 불만을 이야기한다. 보호자라고는 하지만 엄마가 마음대로 정하는 것 같아서 싫은가 보다. 그렇다고 모든 일을 아이 뜻에 맡길 수는 없다. 아이는 아직 미성숙한 존재이며 아이의 마음이 성숙할 때까지 돌보는 것이 엄마의 역할이기 때문이다. 아이 마음대로 하도록 내버려두면 조절력이 없어져 타인과 상황에 배려 없이 자신이 원하는 것만 마음대로 하는 무례한 아이로 계속 머무를 것 같은 불안함도 있다.

누구나 자기 마음의 주인이 되는 데는 과정이 필요하다. 엄마의 통제가 불만인 자녀에게 주인으로 살아가도록 하려면 어떻게 해야 할까. 다음 대화를 살펴보자.

엄마 | 엄마 마음대로만 해서 우리 딸이 답답한가 보네.

가르치려고 하기보다는 아이의 마음을 알아주는 것이 먼저다.

엄마가 무엇을 마음대로 했는지 잘 모르겠는데 네가 가르쳐주면 좋겠어.

"엄마가 언제 그랬니?"라며 따져 묻지 말고 아이의 의견을 듣고 싶다는 의사를 표시해 준다.

아이 | 나는 더 놀고 싶은데 엄마가 자꾸만 이거 해라, 저거 해라 하잖아.

아이에게 이런 말을 들으면 참 곤란하다. 아직은 해야 할 일을 스스로 찾아서 할 줄 모르는 나이라고 판단해 자율에 맡기지 못한 것뿐인데 의도와 달리 아이를 로봇으로 만드는 잔소리꾼이 된 것만 같다.

엄마의 머릿속에서는 지금 이 일을 하지 않으면 후에 어떤 일이 일어나는지에 대한 추론이 가능하지만 초등학교 저학년 이하의 아이는 발달 특성상 '당장 하고 싶은 일을 못 한다'는 생각만 하게 된다.

엄마 | 우리 딸, 마음을 몰라줘서 미안해. 더 놀고 싶다는 거니?

아이의 마음을 한 번 더 소리 내어 읽어준다.

아이 | 응! 왜냐하면 미니어처 집 만들기를 오늘 모두 완성하고 싶은 마음이 있고, 또 재미있으니까!

아이에게 이유를 함께 이야기하는 습관을 들이면 좋다. 이 부분은 뒤에서 자세히 언급된다.

엄마 | 딸은 오늘 완성하고 싶고 재미있어서 더 놀고 싶구나. 그런데 엄마는 잠자기 전까지 두 시간이 남았다는 것과 네가 해야 할 일이 많이 남아 있다는 것을 알고 있는데 어쩌지?

아이 | 오늘만 할 일 하지 않고 조금 더 놀면 안 돼?

엄마 | 놀고 싶은 마음이 간절하다는 것은 알겠는데 엄마는 네가 네 마음의 주인이었으면 좋겠어. 마음이 시키는 대로만 하면 네가 아니라 네 마음이 너의 주인으로 바뀌는 거야.

자녀의 의사는 존중하지만 욕망을 조절할 수 있어야 한다는 의미를 전달한다.

아이 | 나도 빨리 엄마가 되면 좋겠다. 숙제 같은 거 안 해도 되고.

엄마 | 웃는 표정으로 어른이 되면 더 큰 숙제를 해야 해. 어릴 때부터 연습하면 어려운 숙제도 더 쉽게 해결할 수 있는 법이야. 당장 어려운 일이 있다고 피하다 보면 나중에는 더 어려워진단다.

문제 해결은 회피가 아니라 직면하는 것에서부터 시작된다는 점을 알려준다.

여기에서 아이의 마음을 읽어주는 이유는, 아이의 마음 자체에는 잘못이 없기 때문에 판단 없이 있는 그대로 수용해 주기 위함이다. 아이는 부모가 자기 마음을 수용해 주면 그다음에 부모가 하는 말을 저항 없이 듣게 된다. 마음 읽기의 핵심은 마음은 수용하고, 행동은 단호하고 바르게 가르쳐 주는 것이다.

위의 대화에서 아이의 마음을 읽어주지 않고 숙제할 책임을 강조했다면 '칫, 엄마는 내 마음도 몰라주고, 미워'라는 저항감으로 대화는 원만하게 되지 않았을 것이다. 엄마가 마음을 읽어주니 아이는 놀고 싶은 마음을 스스로 통제하고 해야 할 숙제를 할 수 있었다. 그러니 여기 대화에서 마음을 읽어 준다는 것을 '아이의 마음대로 하도록 다 맞춰 준다'는 의미로 오해해서는 안 된다. 이는 뒤따라올 훈육을 위한 마음 열기의 과정이다.

부모도 자신의 마음을 돌아봐야 한다

마음의 주인으로 기른다는 것은 아이가 마음대로 행동하게 방치하는 것이 아니다. 아이의 마음을 알아주되 스스로 다스리는 법을 알려줘야 한다. 아이에게 엄마의 생각을 심거나 멋대로 조종하지 않으면서도 마음의 주인으로 살도록 말해줄 수 있다

눈앞의 흥미에 끌려다니는 것이 아이들의 특성이기 때문에 한 번의 대화로 아이를 바꾸지는 못한다. 아이가 또다시 '재미있는 일만 하고 싶다'고 불평한다고 엄마가 의욕을 앞세워 '너는 왜 말해도 못 알아듣니'라고 쏘아붙이거나 '우리 아이는 마음의 힘이 약한가 봐'라고 걱정할 필요는 없다. 잔소리를 늘어놓기보다는 이전과 같은 방법으로 대응하면 된다. 첫째, 마음을 알아주기. 둘째, 마음의 주인이 되어야 한다고 조언해 주기. 이 두 가지가 전부다.

아이마다 시기는 다르지만, 마음의 주인이 되는 때가 찾아온다. 그러면 불평이 줄어들고 엄마가 자기 일에 간섭하려고 하면 "엄마, 내 마음의 주인은 나야. 내가 알아서 할게"라고 답한다.

실제로 아이에게 이런 말을 듣게 되면 속으로 여러 생각이 올라오게 된다. 엄마라는 존재가 필요 없어진 것 같아 섭섭하기도 하고, 아직 어린데 자꾸 제멋대로 한다고 하니 불안하기도 하다. 동시에 스스로 마음의 주인이 되었다고 하는 아이가 대견하게 느껴진다. 나도 엄마라서 그런지 섭섭함과 불안함이 더 컸다.

사람 안에 살고 있는 마음을 키우는 것은 주인이다. 주인이 어느 쪽에 먹이를 더 많이 주느냐에 따라 마음이 자란다. 나는 대견함에 먹이를 주기로 결정했다. 아이가 마음의 주인으로 살도록 하는 것에는 불안함이 동반한다는 사실을 잘 알지만, 꼭 해야만 하는 일이다. 엄마는 엄마 마음의 주인이 되고 아이는 아이 마음의 주인이 되어야 한다.

주인이 되는 일은 엄마에게도 필요한 훈련이다. 힘들거나 슬픈 일이 있어 흔들릴 때마다 그런 마음을 남편이 알아주기를, 옆에 있는 누군가가 알아주기를 바라지 말자. 타인에게 기대기보다는 주인이 되어 자기 마음에 스스로 양식을 주고 관리하는 법을 배우자. 부모가 먼저 자기 마음의 주인이 되는 길을 발견하고 행복하게 살아야 한다. 부모는 자식을 위해 희생하는 사람이 아니라 가치 있게 사는 모습을 보여주는 본보기가 되어야 하기 때문이다.

부모와 자녀가 각자의 마음을 다스리는 주인으로 살게 될 때 '명령하고 따르는 관계'에서 '서로 존중하는 관계'가 된다. '타인에 의해 조종당하던 아이'가 '스스로 조절하는 자유로운 아이'로 거듭난다. 마음의 주인이 된다는 것은 생각을 키운다는 의미기도 하다. 내 마음의 주인은 '네'가 아니라 '나'다. 아이 마음의 주인은 부모가 아니라 아이다. 엄마 마음과 아이 마음은 다르다.

아이에게서 배우자의 단점을 발견했을 때

아이에게 감정을 터뜨리다

한때는 엄마와 아이가 한 몸이었으니 마음도 한 마음이면 참 좋겠다. 마음 공부를 따로 할 필요도 없고 아이와의 갈등으로 스트레스 받을 일도 없을 것 같다. 그러나 아이가 엄마 배에서 나올 때 마음도 같이 나왔다.

서로 다른 마음에 갈등이 생겼다면 부모와 아이 중 누가 먼저 상대의 마음을 알아주어야 할까. 아이가 먼저 엄마 마음을 살펴야 할까. 아니면 엄마가 먼저 아이 마음을 살펴야 할까.

아이가 먼저 엄마 마음을 이해해야 한다고 답하는 경우는 없다. 그런데 왜 엄마들은 아이의 마음을 이해하기보다 자신의 마음을 강요하고 화를 내어 오히려 아이가 엄마 마음을 살피며 눈치 보게 할까.

엄마가 자신의 감정을 휘두르면 아이 마음에는 상처가 남는다. 아이가 다섯 살쯤 되었을 무렵 나는 아이에게 집에서 나가라는 말을 여러 번 했다. 워킹맘으로 살다 보니 몸과 마음이 힘들고 지쳐 있었다. 그래서 내 감정에 휘둘려 아이 마음을 상하게 했다. 꽃으로도 때리지 말라고 하니 아이에게 폭력을 행하지는 말아야겠다고 다짐했는데, 그래서 매도 들지 않았는데, 엄마 말에 복종하지 않는다는 이유로 언어폭력을 가한 것이다.

나는 그 어린아이에게 집을 나가라고 했다. 아이가 나가지 않겠다고 하자 아이를 짐 꾸러미 옮기듯 질질 끌어서 문밖으로 내쫓은 적도 있다. 이렇게까지 한 것은 딱 한 번이었지만, 지금 생각하기에는 감정에 휘둘려 행동한 그날의 나를 이해할 수 없다. 아이 마음을 다치게 하는 방법이라는 것을 알면서도 스스로를 멈춰 세우지 못했던 아픈 기억이다.

완벽한 엄마가 아니라 '조금 더 나은' 엄마

다음 날, 이성이 돌아오고 나니 후회가 몰려왔다. 아이에게 화풀이하던 당시 나는 '이건 훈육이야'라며 그럴싸한 포장으로 합리화했지만, 그 모습을 지켜봤던 남편은 "아이에게 나가라는 말만은 하지 말자"고 했다. 집을 나가라는 말은 포기한다는 말과 같다며 사춘기가 되어서 진짜 가출이라도 하면 어떻게 하려고 그러느냐고 나를 나무란다. "때리는 엄마는 아니잖아"라고 구차하게 변명했지만 남편은 "나가라는 말은 마음을 때리는 말이고 마음을 때리는 엄마가 더 나쁜 엄마지"라고 일침을 가한다. 교육 전문가보다 더 나은 가르침이다.

이렇듯 한 번 감정에 휘둘리게 되면 이성도 전문성도 모두 잃어버리게 된다. 엄마 마음을 잘 챙기는 것이 아이 마음을 읽는 것보다 먼저 이뤄져야 하는 이유가 여기 있다. 나도 엄마기에 엄마들이 자신의 마음을 뜻대로 하지 못하는 순간이 있다는 것을 이해한다. 우리는 완벽해지기 위해서가 아니라 조금 더 나은 상태를 만들기 위해 마음 공부를 하고 노력해야 한다.

내가 자녀 교육을 강의하고 상담하며 책도 쓰니 "아이를 참 잘 키우시겠어요"라며 모두 부러워한다. 그런데 엄마들을 만나면 꼭 하는 말이 있다. 강의하고 상담하며 책 쓰는 나와 그 강의를 듣고 상담을 요청하며 책을 읽는 엄마들 사이의 차이는 아주 작다는 것이다. '조금 더' 노력하는 것이 전부다. 아무리 전문 지식을 쌓고 강의를 해도 절대 몰랐을 소중한 가치, '조금 더'의 가치는 아이를 직접 키우면서 깨달은 지혜다.

이론처럼 완벽한 엄마가 되지는 못한다. 단지 '조금 더' 노력하고 살뿐이다. 이것이 참 어렵다는 것을 엄마가 된 후에 알았다. 자녀 교육서에 나오는 위대한 가르침이 엄마들에게 소중한 지침이 되기도 하지만, 책과 다른 자신의 모습을 떠올리게 해 죄책감으로 짓누르기도 한다는 것을 이해하게 되었다.

다스리는 지혜 없는 왕의 삶

엄마의 화가 아이 마음을 아프게 한다고 하지만 나도 때로는 아이에게 화를 낸다. 도저히 조절되지 않는 날도 있다. 단지 '조금 더' 신경을 써서 감정을 관리하고 살아간다. 아이의 생각과 마음을 살리는 말만 하고 살면 좋겠지만 간혹 꺼내지 않아야 할 말을 뿜어낼 때도 있다. 단지 '조금 더' 빠르게 알아차리고 '조금 더' 쉽게 조절할 수 있을 뿐이다.

엄마 마음과 아이 마음에는 각자의 주인이 있지만 성숙한 마음을 가진 엄마가 먼저 노력해야 한다. 엄마 자신의 마음도 챙기면서 아이 마음이 건강하게 성장하도록 도와주어야 한다. 아이 마음의 주인이 아이라고 해서 무엇이든 알아서 해결하라고 내버려둔다면 이는 방치다. 방치된 아이는 마음대로 행동하는 아이로 자라난다. 아직 여리고 연약한 마음에는 엄마의 보살핌이 필요하다. 마음이 성숙하게 자란다면 마음대로 하는 아이가 아니라 마음이 독립된 아이가 된다.

아이를 이해해 주는 편이라는 엄마들에게 이야기를 듣다 보면 아이가 원하는 대로 다 들어주는 것을 아이를 잘 알아주는 것으로 오해하고 있는 경우도 있다. 해달라는 대로 다 해주면 자존심 강하고 오만한 아이가 되기 쉽다. 부모가 해야 할 역할은 아이가 기다릴 줄도 알고, 감사할 줄도 알고, 만족할 줄도 알고, 슬퍼할 줄도 알고, 위로받을 줄도 알고, 희망할 줄도 알도록 여러 가지 마음을 경험할 수 있게 돕는 것이다. 늘 즐겁고 만족스럽기만 하면 다스리는 지혜가 없는 왕의 삶을 살게 된다. 그런 왕의 말로가 어떠한지는 역사를 통해 잘 드러난다.

"아빠 닮아서" "엄마 닮아서"라는 말의 위험성

엄마 마음 하나 관리하기도 힘든데 아이 마음까지 보살피려니 참 어렵다. 그래서 엄마는 위대한 사람이다. 위대한 사람과 완벽한 사람은 다르다. 아이의 마음을 완벽히 알아주려는 부담감은 내려놓아도 된다. 아이 마음이 부모 마음과 다르다는 것만 알아도 아이 키우기가 한결 쉬워진다.

아이 마음을 살짝 들여다보자. 많은 부모가 흔히 하는 말이 있다.

- "우리 애는 아빠 닮아서 성질이 급해."
- "엄마 성격을 물려받아서 소심하다니까."
- "과일 싫어하는 모양새가 꼭 자기 아빠 같네."
- "엄마를 쏙 빼다 박아서 눈이 작아."

이렇듯 부모들은 아이의 부족한 점이 배우자에게서 왔다는 말을 일상 속 장난처럼 하고는 한다. 이는 아이 마음을 고려하지 않은 대화다. 부모에게 왜 그런 말을 했는지 묻는다면 이렇게 답할 것이다.

"우리 아이는 당연히 예쁘죠. 좋은 점도 많이 가지고 있고요. 하지만 답답할 때도 있어서 한두 가지 아쉬운 걸 이야기했을 뿐인데요."

사랑스러운 아이의 모습이 배우자를 닮아서 지나가듯 몇 마디 주고받은 것이 전부라는 뜻이다. 하지만 같은 상황에서 아이는 어떻게 받아들일까.

'나의 부족함은 유전적인 것이구나. 노력해도 안 되는 문제니 단념해야겠다.'

아이는 부모가 각각 가지고 있는 단점을 자신이 물려받았다는 말을 듣고 마음에 새긴다. 아이 마음은 '나의 부족함'으로 가득 채워지고 자신감과 자존감이 낮아진다.

같은 상황이지만 부모 마음과 아이 마음이 전혀 다른 방향을 향하고 있다. 어느 부모가 의도적으로 아이의 자존감을 낮추려고 할까. 아이가 부모의 장점을 닮았다는 말은 아이의 자존감을 키우지만 단점을 닮았다는 말은 자존감을 깎는다.

일상에서 큰 의미를 담지 않고 그냥 하는 말과 행동이 아이 마음에 부정적 영향을 준다는 것을 알기 위해서는 공부해야 한다. 마음 공부를 하지 않고 부정적 영향을 주는 언행을 매일 반복하고 살아간다면 아이 마음에 상처가 생기지만, 아이 마음이 아프다는 것도 모른 채 넘어가게 된다.

동화로 마음 살피기

아이가 부모 마음으로 살게 하지 말고 아이 마음으로 살도록 두어야 자율성 강한 아이, 주도적인 아이가 된다. 엄마 마음과 아이 마음이 다르다는 것을 알고 엄마 자신의 마음과 아이의 마음을 묻는 연습을 해야 한다. 이유 없는 마음은 없다. 우리는 그 이유에 관심을 두지 않기 때문에 '그냥'이라는 말을 자주 사용한다. 아이들도 마찬가지다. "그냥" "몰라" "재미있어" "좋아" 등 이유

없는 대답을 자주 한다.

엄마는 아이가 격한 감정을 보일 때만 마음이 어떤지 살피지 말고 평상시에도 “네 마음은 어때?”라며 물어봐 주어야 한다. 관심을 가지고 질문하면 아이의 마음을 아는 데 도움이 된다.

동화책으로 쉽고 간단하게 아이 마음을 살피는 방법을 연습해보자. ‘아기 다람쥐가 엄마 다람쥐와 숲속으로 소풍을 갔다가 엄마 다람쥐를 잃어버렸다’는 내용의 동화가 있다고 해보자. 아이와 동화를 읽다가 “엄마 다람쥐의 마음은 어떨까?” “그럼, 아기 다람쥐의 마음은?”이라고 물어보고 대화를 나눈다. 아이는 대답을 생각하며 엄마의 마음도 되어보고 아이의 마음도 되어보는 경험을 할 수 있고, 이를 통해 서로 마음이 다를 때도 있다는 사실을 깨닫게 된다.

아이가 “아기 다람쥐가 엄마 다람쥐를 잃어버리면 좋겠어”라는 뜻밖의 대답을 하더라도 걱정할 필요 없다. 마음은 움직이는 것이니까. 당황하지 말고 아이의 마음을 느낄 좋은 기회라 여기자. “엄마를 잃어버리면 어떤 점이 제일 좋을까?”와 같은 질문을 하면 된다.

주의해야 할 점이 있다. 아이의 마음을 알아가는 과정 중에 엄마의 감정이 개입되거나 판단이 앞서면 눈치 빠른 아이들은 엄마가 좋아할 만한 대답으로 마음을 포장한다. 동화는 아이에게 여러 가지 감정을 느껴볼 수 있는 안전한 장소다. 동화를 읽으면서 드는 감정에 의해 다른 사람과 연결되는 동시에 타인과 나를 구분 짓는 경계선이 있다는 사실도 터득하게 된다.

바닷새에게 필요한 것은 따로 있다

마음 읽기는 소통이다. 타인을 이해하는 경험은 소통의 좋은 준비 과정이다. 친구를 따돌리고 폭력을 일삼는 아이들은 상대의 마음을 알아차리지 못하거나 상대의 괴로운 심정을 즐긴다고 한다. 이런 아이들도 태어날 때부터 타인의 마음에 무감각하지는 않았을 것이다. 그런데 왜 마음에 상처와 분노를 끌어안은 채 문제를 일으키고 다니게 되었을까. 도대체 어린 시절 무슨 일을 겪었던 것일까.

아이 마음을 외면하고 엄마 생각대로만 아이를 끌고 다니면 아이도 친구들의 마음을 외면하고 자기 생각대로만 끌고 다니려 한다. 자기 마음을 존중받지 못하고 마음 읽기가 부족한 상태로 성장하면 다른 사람의 마음에 무뎌지게 된다.

아이 마음을 읽어주기 위해서는 엄마가 '조금 더' 노력하는 자세가 필요하다. 마음을 존중받은 아이들은 있는 그대로의 자신을 가치 있게 여기며 자존감이 높다. 아이 마음과 엄마 마음이 다르다는 것을 알고 아이 마음으로 생각해 보는 연습을 하는 과정이 아이의 자존감을 높여준다. 아이가 엄마 배에서 나왔을 때 마음도 같이 나왔다는 사실을 꼭 기억해야 한다. 그리고 아이에게는 아이만의 마음이 있다는 것을 잊지 말아야 한다.

마음을 살피지 않고 아이를 기르면 아이 마음이 슬픔으로 가득 차게 된다. 《장자》의 〈지락〉 편에는 어느 바닷새 이야기가 나온다. 하루는 노나라에 아름다운 바닷새 한 마리가 날아와 앉았다. 새를 사랑한 노나라 임금은 술과 고기 그리고 궁궐 음악으로 바닷새를 극진히 대접했다. 그런데 바닷새는 슬퍼하기만 할 뿐 먹지도 마시지도 않은 채 사흘 만에 죽어버리고 말았다. 바닷새를 사랑한 노나라 임금. 그는 무엇을 잘못한 것일까. 원하지 않은 술과 고기를 대접받은 바닷새의 마음은 어떠했을까.

아이들도 마찬가지다. 어쩌면 우리 아이들도 "왜 엄마는 항상 엄마 마음대로만 해? 엄마 마음만 있어? 내 마음도 있어! 내 마음도 중요하단 말이야!"라고 마음속으로 매일 외치고 있을지 모른다.

솔직과 무례의 차이를 알면 그러지 않을 텐데

"엄마 저 사람은 왜 뚱뚱해?"

아이가 어른이 될수록 겉으로 드러나는 마음과 속으로 숨겨놓은 마음이 점점 나누어진다. 어린아이는 불편하면 울고 즐거우면 웃는다. 어른도 어린아이처럼 단순하고 순수하게 살면 좋을 것 같지만 그렇지 않다. 어른은 불편한 마음이 있어도 상황에 따라 내색하지 않을 수 있어야 한다. 개인사로 불편한 마음이 가득한 날에도 공적으로 만나는 사람에게는 내색하지 않고 업무에 맞는 모습을 보여야 한다.

다른 사람이 나를 어떻게 평가할지 의식해서 자신을 속이라는 말이 아니다. 진심을 그대로 내보이는 것이 때로는 다른 사람에게 해가 될 수 있으니 이를 조절을 할 줄 알아야 한다는 뜻이다.

하루는 우리 아이가 목욕탕에서 모르는 사람을 보고 “저 사람은 왜 여자인데 남자처럼 생겼어?”라고 물은 적 있다. 그분은 아이의 말에 굉장히 불쾌해했다. 또 엘리베이터에서 만난 상대에게 “왜 그렇게 살이 쪘어요?”라고 질문해 모두를 당황스럽게 만든 적도 있다. 타인을 불쾌하고 난감하게 만드는 아이를 순수하다며 넘길 수는 없다. 잘못하면 상대를 배려하지 않고 자기가 느끼는 대로 마음을 표현하는 분별력 없는 사람으로 성장하게 된다.

대개는 이런 경우 ‘나쁜 말이니 하지 말아야 한다’고 가르친다. 그런데 아이들은 사실과 다르게 이야기하는 것을 거짓말이라고 배웠다. 항상 정직한 사람이 되어야 한다고 교육받았다. 거짓말하지 않는 아이가 되라고 했다가 나쁜 말이니 하지 말라고 했다가, 아이는 혼란스럽다. 이런 상황에서 아이들은 엄마에게 혼나지 않으려고 마음을 자연스럽게 숨기기 시작한다.

엄마 눈치를 보지 않고 스스로 분별할 줄 아는 아이로 키우는 대화법은 간단하다. 우선 엄마가 아이를 대신해서 “불쾌하셨다면 죄송합니다. 제가 잘 가르치겠습니다”라고 사과한다. 이때, 상대방이 불쾌했을 수도 있고 불쾌하지 않았을 수도 있는데 단정 지어 죄송하다고 말하기보다는 ‘불쾌하셨다면’이라고 덧붙여 상대방의 마음을 살핀다는 느낌을 주어야 한다. 이렇게 엄마가 사과하는 모습을 보면서 아이는 무엇인가 잘못했다는 것을 알게 된다.

엄마 | 엘리베이터에서 이웃분께 왜 살이 쪘느냐고 여쭤보았니?

아이 행동 뒤에 숨은 마음을 물어봐 주어야 한다.

아이 | 궁금해서.

엄마 | 언제나 궁금한 게 많은 호기심쟁이네.

아이의 마음을 인정해 준다.

그런데 뚱뚱하신 분의 표정을 보니 굉장히 불쾌해하시더라.

무엇이 잘못인지를 스스로 알게 하는 과정이다.

만약 네 키가 작은데 '넌 왜 이렇게 키가 작니?'라는 말을 듣게 된다면 네 기분은 어떨까?

아이는 실제로 키가 작은 편이었고 키가 작은 것은 잘못이 아니라는 점을 철저히 교육하고 있는 중이었지만, 자신을 통해 다른 사람의 감정을 생각해 볼 기회를 가져본다.

아이 | 친구들이 자꾸 키가 작다는 말을 하면 듣기 싫어.

엄마 | 그렇구나. 잘못은 아니지만 자꾸 들으니 듣기 싫은 마음이 이해가 된다.

아이의 마음을 통해 다른 사람의 마음을 생각해 볼 기회를 주는 것까지만 하면 된다. 대개의 부모는 훈계의 말을 꼭 해주어야만 아이의 행동이 바뀔 것 같은 생각에 교훈적인 말로 마무리하려고 한다. 어떻게 해야 한다거나 나쁜 행동이라는 등의 훈수는 생략하는 편이 더 큰 가르침이 될 때도 있다. 한 번으로 아이의 행동이 변하면 좋겠지만 반복 학습을 통해 배워간다는 것을 기억해서 여러 번 같은 상황이 일어나는 것을 자연스럽게 받아들이자.

스스로 깨닫게 하는 교육

다른 사람이 어떻게 생각할지를 살피는 부모의 사고방식 역시 아이가 마음을 숨기게 한다. 대표적인 예를 들어보자. 아이가 계절에 맞지 않는 옷을 입겠다고 고집을 피우면 엄마는 이렇게 말한다.

"계절에 맞지 않는 옷을 입으면 이상한 아이로 보일 거야. 옷을 그렇게 입혔다면서 엄마도 이상하게 생각할걸?"

결국 엄마는 다양한 방법을 사용해 엄마가 골라주는 옷을 입도록 만든다. 아이들은 계절을 모르기 때문에 당연히 계절에 맞는 옷을 입을 줄 모른다. 이럴 때는 아이가 틀린 이유를 다른 사람의 시선에서 찾지 말고 제대로 설명해 주어야 한다. 앞뒤 상황을 일러주고 스스로 선택하도록 기회를 열어두어야 한다.

"날씨가 더운 날 두꺼운 옷을 입으면 땀이 나고 몸이 지치게 될 거야. 그러니 얇은 옷을 입어야 해."

이렇게 설명하는데도 두꺼운 옷을 입겠다고 고집하면 그렇게 해서 스스로 결과를 느끼게 하면 된다. '아, 엄마 말처럼 덥구나' '계절에 맞는 옷을 입어야 하는 것이구나' 하고 경험해 본 아이는 다른 사람의 시선을 의식하기보다 상황에 맞게 마음을 표현할 줄 아는 아이가 된다.

또 다른 사례가 있다. 예전만큼은 아니지만 그래도 여전히 들려오는 말, "남자는 울면 안 돼"다. 남자에게도 울고 싶은 순간이 있는데 다른 사람 눈에 강하게 보이기 위해서 울지 말아야 한다니. 힘든 일 앞에서 울적한 마음에 지배당하지 않고 훌훌 털어내는 사람, 그래서 다시 원래 자리로 돌아오는 사람이 진정 강한 사람일 것이다. 그런데 다른 사람에게 약해 보일까 봐 우는 모습을 보이지 말아야 한다는 설명은 적절하지 않다.

어릴 때부터 남에게 보이는 모습을 의식하다 보면 자신의 진심을 숨기는 것이 자연스러워진다. 결국 진짜 마음을 잃어버린 채 겉으로 드러난 마음이 자신의 마음인 줄 안다. 그래서 어른이 되어서도 자신의 진짜 생각을 헤아리기 어렵고 갈등을 겪게 된다.

숨기지 않고 말하는 연습

한편 본심을 제대로 표현하지 못해서 벌어지는 문제도 있다. 속으로 생각하는 것을 겉으로 꺼내면서 오해가 발생하는 경우다. 아이와 아빠의 대화를 살펴보자. 거의 매일 아이가 잠들 무렵에야 퇴근하던 아빠가 어느 날 조금 일찍 귀가했다. 눈에 실핏줄이 터질 만큼 피곤해서 오늘만큼은 쉬어야 한다고 생각했기 때문이다. 이런 사정을 모르는 아이는 오랜만에 본 아빠와 놀고 싶어 했다.

아이 | 아빠, 놀이터에서 술래잡기하자.

아빠 | 싫어.

아이 | 조르는 말투로 그러지 말고 나랑 놀아줘.

아빠 | 징징거리지 좀 마. 듣기 싫어. 아빠 피곤해.

아이 | 공손하지 못한 말투로 그럼 침대에서 꼼짝도 하지 말고 가만히 있어.

아빠 | 뭐? 아빠한테 무슨 말버릇이야!

아이에게 날벼락이 떨어지고 아빠의 일장 연설이 시작된다. 대화는 결국 서로의 감정이 폭발하는 것으로 끝이 났고 아빠는 안방으로, 아이는 아이 방으로 문을 닫고 들어갔다.

아이가 겉으로 보여준 마음은 "피곤하면 잠이나 자"다. 하지만 아이의 숨은 마음은 이러했을 것이다.

'나는 아빠랑 오랫동안 놀지 못했잖아. 그동안 친구들이 아빠랑 노는 모습을 보면서 부러웠어. 오늘은 일찍 들어온 아빠랑 놀며 친구들에게 아빠를 자랑하고 싶었어.'

아빠도 겉으로 내뱉은 말과 다르게 생각하고 있기는 마찬가지였다. 아빠는 '징징거리며 버릇없이 말하는 아이는 싫다'라고 했지만 속으로는 이렇게 생각했을 것이다.

'네 마음을 알겠지만 아빠는 너무 피곤해서 손가락 하나 움직일 수 없는 상태란다. 놀아주지 못해서 미안해. 네가 조금만 이해해 줬으면 좋겠어.'

겉으로는 거칠게 말한 두 사람이지만, 마음속에는 서로를 이해하고 배려하는 마음이 들어있었다. 처음부터 서로 마음을 숨기지 말고 보여주었더라면 더 좋은 관계가 되었을 것이다. 다음 대화를 보자. 같은 내용이지만 다른 점이 눈에 띈다.

아이 | 아빠, 나랑 놀이터 가자. 다른 아빠들은 친구들이랑 재미있게 놀아줘.

아빠 | 친구들이 아빠랑 노는 모습 많이 부러웠어? 그런데 오늘 아빠가 일찍 들어온 이유는 눈이 빨개질 정도로 피곤해서야. 아빠는 좀 쉬어야 해.

아이 | 조금만 놀아주지.

아빠 | 아빠가 정말 많이 힘들어. 미안해

만약 조금은 놀아줄 수 있다면 아이의 부탁을 거절하지 말고 가능한 시간을 미리 정해놓고 놀아주면 된다.

아이 | 히잉, 알겠어.

아빠와 놀지 못해 섭섭하고 아쉽지만 어쩔 수 없는 일도 있다는 것을 이해와 배려를 통해 알게 된다.

아빠 | 이해해 줘서 고마워.

마음을 숨긴 대화와 속마음을 터놓는 대화는 큰 차이를 가져온다. 서로의 생각을 넘겨짚으려 할 때 오해가 생긴다. 말하지 않아도 상대가 내 마음을 척척 알아주기를 바라는 것은 상대에게 신과 같은 능력을 갖추라는 뜻과 같다.

열 길 물속은 알아도 한 길 사람 속은 모른다는 속담이 있다. 부모는 숨은 마음을 표현하는 본보기가 되어주고 아이도 스스로를 표현할 수 있도록 질문해야 한다. "네 마음을 정확하게 말해야지"라고 말로만 가르치는 것보다 부모가 사례를 보여주는 것이 훌륭한 방법이다.

대한민국 엄마들은 성격이 급해서 결과만 평가하는 경우가 많다. 어느 날 엘리베이터에서 이웃 아이와 엄마를 만났다. 엘리베이터 문이 열릴 때마다 아이는 반사적으로 문밖을 향해 걸어 나가려고 했고 엄마들은 '어! 어!'라고 외치거나 '야! 야!'라고 말하며 아이 목덜미를 잡아챈다. 아이가 어릴수록 엄마들은 '어!' '야!' '안 돼!'와 같은 말로 마음을 표현한다. 아이가 크더라도 빈도가 조금 줄어들 뿐, 이런 언어 습관이 갑자기 바뀌지는 않는다. 엄마가 조금 힘들더라도 문밖으로 나가려 하는 아이의 손을 잡고 생각을 바르게 전달해야 한다. "우리가 내릴 곳은 1층이야. 문에 손을 대면 손이 꽉 눌려 아프게 된단다"라고 반복 표현해 주는 모습을 보여야 한다.

아이 마음은 아이에게 묻자

아이가 숨은 마음을 표현하게 하려면 명심해야 할 점이 있다. 아이의 모든 행동에는 이유가 있다는 것이다. 이를 새겨두고 아이의 행동에 대한 이유를 물어봐야 한다. 아이가 울고 있다면 '뚝!'이라며 말문을 닫지 말고 '무슨 일이니?'라고 질문해 마음을 말할 수 있는 기회를 주어야 한다. 마음을 이야기하는 습관이 생기면 부모와의 소통이 열린다.

아이가 힘든 일이 있을 때 마음속으로 숨기다 보면 쌓이고 쌓이다가 결국 넘쳐흐르게 된다. 강물이 한꺼번에 범람하면 둑이 무너진다. 아이의 마음도 무너질 수 있다. 작고 사소한 일상에서 마음을 표현할 기회를 주어야 한다.

아이 마음이 부처님 손바닥 안에 있다는 듯 넘겨짚으려고 하면 아이는 진심을 숨기고 부모가 좋아할 생각만 꺼내 보이게 된다. 아이의 마음은 아이에게 직접 물어보도록 하자. '네 마음은 어때? 기분은?' '네가 그렇게 했을 때는 분명히 그럴만한 이유가 있었을 텐데……. 무슨 일이니?'라고 질문하면 된다. 그리고 부모가 먼저 본을 보여야 한다는 점을 잊지 말자. 아이들에게는 설교하는 부모보다 자기 훈련이 잘된 부모가 필요하다

"엄마가 미안해. 그리고 사랑해"

사과한다고 해서 아픔이 사라질까?

소통에 관해 공부하면서 말이 지닌 놀라운 힘을 알게 되었고 현장에서 직접 교육하면서 그 힘으로 교사들과 아이들이 변화하는 것을 경험한 후부터는 더 관심을 가지게 되었다. 공부를 많이 했지만 매일 쓰던 언어 습관을 단속하기는 쉬운 일이 아니었다.

이렇게 말할까? 저렇게 말할까? 고민하고 가장 적합한 말을 준비해 보지만 대화 중 불쑥 나타나는 감정이란 놈에게 지고 만다. 고슴도치가 위험을 감지해 경계할 때 가시를 뾰족이 세우는 것처럼 사람들도 말에 가시를 세워 자신을 방어한다. 상대가 예상대로 반응하지 않거나 아픈 곳을 건드리는 말을 꺼내면 감정에 휘둘려 '말가시'를 발사한다.

다른 사람의 말가시에 상처받아 본 적 있는가. 나는 그런 경험이 많이 있다. 그 상처가 너무 아파서 하루 종일 울고 또 울었다. 병 주고 약 준다는 속담이 있지만, 말로 아프게 해놓고 울고 있는 상대에게 미안하다며 안아준다고 해서 그 상처가 아물고 사라지지는 않는다.

유치원에서 근무하던 시절의 일이다. 아침부터 아이에게 화를 내고 등원시켰다며 마음이 아프니 아이를 사랑으로 잘 부탁한다고 전화하는 엄마들이 종종 있었다. 또 어느 전문가가 '엄마도 사람이라 화낼 수 있으니 화가 아이를 망친다는 이야기에 너무 힘들어하지 말고 사과하면 된다'고 했다면서 아이에게 미안하다는 말을 건넨다. 그러면 엄마는 마음이 가벼워진다. 하지만 엄마의 말가시에 공격당한 아이도 마음이 가벼워질까? 엄마의 말가시에 상처입은 아이가 선생님에게 사랑받았다고 해서 아무렇지 않게 될까?

엄마의 언어 습관이 아이의 언어 습관을 형성한다

간혹 자신은 엄격한 엄마라 아이를 혼낼 때 화끈하게 혼내고 사랑할 때 화끈하게 사랑해 준다는 이야기를 들으면 아이 가슴에 박혀 있을 뾰족한 가시가 그려져 내 마음까지 아플 때가 있다. 내가 제일 무서워하는 사람은 힘센 사람도 아니고, 돈 많은 사람도 아니며, 권력이 강한 사람도 아니다. 바로 뒤끝 없는 사람이다. 이런 사람들은 감정에 휩싸여 말가시를 발사해 놓고 '나는 뒤끝이 없는 화끈한 사람이니 잘 지내보자'고 한다.

부모들은 이런저런 이유로 하루에도 몇 번씩 아이에게 말가시를 발사한다. 어른들은 언어로 상처 입으면 친구에게 위로받거나 운동을 하기도 하고, 성찰을 하거나 음주가무로 스트레스를 해소할 수 있다. 그런데 아이들은 할 수 있는 것이 없다. 어른들은 아이들에게 스트레스를 주기만 하지 풀어내는 방법은 한 번도 가르쳐주지 않는다. 아이들은 엄마가 쏜 말가시를 먹고 자라면서 마음에 상처를 키운다.

고슴도치에 찔린 상처는 쉽게 아물지만 말가시에 찔린 상처는 영원히 아물지 않기도 한다. 말가시에 상처를 입었다 하더라도 과감히 가시를 뽑아버릴 줄 알아야 하는데, 그 가시를 곱씹어 살피며 더 많은 아픔을 받는 아이도 있다. 내가 왜 그런 말을 들어야 했는지 억울해하고 아파하며 당시에 상대의 코가 납작해지도록 쏘아붙이지 못했던 자신을 어리석게 여기고는 오래오래 슬픔을 키운다.

때로는 그 말가시를 그대로 꺼내 친구들에게 휘두르기도 한다. 엄마들을 질책하려고 이런 말을 하는 것은 아니다. 엄마 마음으로만 아이를 키우지 말고 아이 마음도 느껴보라는 뜻이다. 처음부터 말가시를 가지고 태어난 아이는 없다. 자라면서 가까운 주변 환경으로부터 여러 방식을 흡수하며 아이가 사용하는 언어 습관이 형성된다.

엄마가 자신의 대화 방식을 살펴야 하는 이유는 여기에 있다. 말가시는 말을 가꾸는 주인에 따라 크기나 날카로운 정도가 모두 다르다. 우리는 눈에 넣어도 아프지 않을, 꽃보다 예쁜 내 아이의 엄마다. 본받을 만한 언어 습관을 아이에게 보이고, 아이의 언어 습관도 바르게 형성되도록 해야 하는 책임자다. 오늘 부모가 사용한 말이 내일 아이가 사용하게 될 말이다. 그러니 부모의 말을 가꾸는 일이 무엇보다 우선이다.

마음의 열쇠

좋은 말이란 듣는 사람에게 힘을 주는 언어다. 본인이 어떤 말에 위로를 받는지, 어떤 사람에게 따뜻한 감정을 느끼는지 생각해 보면 아이에게 어떤 대화를 건네야 할지 깨닫게 된다. 내가 나의 부모로부터 들었던 말 중에서 격려가 되었던 말은 사용하고 상처를 받았던 말은 삼가야 한다. 한편 각자의 경험에는 한계가 있으니 좋은 글을 많이 읽어 언어 환경을 가꾸어주면 더욱 좋다. 마음의 밭을 가꾸면 말이 바뀌고, 말이 바뀌면 듣는 이의 마음에 희망과 용기가 솟는다.

하루라도 책을 읽지 않으면 입안에 가시가 돋는다는 안중근 의사의 말처럼 하루라도 좋은 글을 읽지 않으면 말과 생각에도 가시가 돋는다. 좋은 글을 읽지 않는 부모의 머릿속에는 오만가지 걱정이 찾아오고 부정적인 생각이 집을 짓기 시작한다. 걱정이 만들어낸 이야기의 결말은 항상 불행이다. 생각이 불행하니 몸에도 삶에도 그 기운이 전염되어 인상을 쓰게 되고 화를 내게 된다. 걱정은 자유라고 하지만 불행의 기운을 부르는 일을 사서 할 필요는 없다.

살다 보면 우울할 때도 있고 화가 날 때도 있다. 특히 엄마가 되고 나면 그렇다. 카멜레온처럼 감정이 수시로 바뀐다. 이를 마음의 주인이 통제하지 못하면 감정이 흔들리고 중심을 잃게 된다. 배우자에게 항상 기댈 수는 없고 아이에게 위로받을 수는 더더욱 없는 일이다. 친구를 만나 수다를 떨어보지만, 부정적인 기운을 주고받다 보면 오히려 침울해지기도 한다. 마음에 자리 잡은 우울과 화는 말가시의 먹이가 되고, 말가시는 점점 예리하게 자라난다. 입안에 장전 중인 말가시는 함께하는 시간이 제일 많고 약자인 아이에게 발사된다.

아이 마음을 살리는 언어 습관을 가지려면 먼저 엄마 자신의 마음을 편안하게 유지할 수 있어야 하며 부정적인 감정을 조절할 수 있어야 한다. 우리가 매일 사용하는 말은 사람의 마음을 살찌우는 양식이다. 어떤 품질의 음식을 먹느냐에 따라 마음이 건강해지고 인격이 바로 선다. 정크푸드 같은 음식을 주면서 마음이 튼튼하게 자라기를 바란다면 무슨 소용 있겠는가. 우선은 엄마 마음부터 영양가 있는 최고의 양식으로 길러야 하며 아이에게도 같은 대접을 해야 한다.

다시 한번 강조한다. 따뜻한 말은 마음의 양식이 된다. 그러나 거꾸로 거친 마음이 말가시를 키우는 원천이 되기도 한다. 부모가 사용하는 말의 질에 따라 아이의 마음이 열리고 닫히는 법이다. 아이 마음을 열어줄 열쇠는 바로 부모의 말인 것이다.

2장

가정에서 가장 많이 하는 말실수

주어가 '엄마'면 조언, '너'라면 잔소리

아이가 엄마에게 듣고 싶은 말 1위

'발 없는 말이 천리 간다' '말 한마디로 천 냥 빚을 갚는다' '말 많은 집은 장맛도 쓰다' 등, 말에 관한 속담은 아주 많다. 삶에서 말의 힘을 경험한 사람이 그만큼 무수하다는 뜻이다. 나 역시 한마디 말로 꿈의 씨를 뿌려 이뤄지게 하고 감사의 씨를 뿌려 도움을 받은 경험이 여러 번 있었다. 천 냥 돈을 움직이고 장맛을 변하게 하는 말. 이 말은 사람의 행동도 바꿀 수 있는 위력을 가지고 있다. 고급스러운 어휘나 복잡한 논리는 조금 부족해도 괜찮다. 사람을 바꾸는 말의 힘은 '듣는 사람에게 용기를 준다'는 점에서 나온다.

엄마에게 듣고 싶은 말	
1위	사랑해
2위	괜찮아
3위	고마워
4위	수고했어
5위	힘들지?
6위	미안해

아빠에게 듣고 싶은 말	
1위	사랑해
2위	수고했어
3위	미안해
4위	고마워
5위	괜찮아
6위	보고 싶다

출처: YTN 한컷뉴스 <자녀들이 가장 듣고 싶은 말 TOP 6>

아이들은 어떤 말을 들었을 때 가장 힘이 날까. 한 조사에 따르면 청소년이 부모에게 가장 듣고 싶은 말 1위는 '사랑해'였다. 아이들은 이렇게 간단한 몇 마디 말을 듣는 것만으로도 힘이 된다고 한다. "엄마! 아빠! 저를 있는 그대로 인정하고 사랑해 주세요!"라는 아이들의 바람이 느껴진다.

다른 집 아이가 아닌 우리 아이는 어떤 말을 기다리고 있을까? 당시 초등학교 1학년이던 아이에게 직접 물었다.

"엄마랑 아빠한테 제일 듣고 싶은 말이 뭐야?"

그러자 아빠에게 가장 듣고 싶은 말은 "아빠랑 같이 놀자"라고 한다. 대한민국 대부분 아빠들은 근무 시간이 길고 바깥일이 많기 때문에 아이와 함께 놀 시간이 늘 부족하다. 안타까운 마음이

들었다. 그럼 엄마는 어떤 말을 해줬으면 좋겠냐고 물었다. 없다고 한다. '내가 이미 엄마로서 좋은 말을 충분히 들려주고 있었구나' 하는 만족감이 차오르려는데 "엄마는 잔소리쟁이라서 아무 말도 안 들을 때가 가장 좋아"라고 한다. 너무나도 큰 충격이었다. 나는 말을 아끼는 엄마라고 생각했는데, 항상 좋은 말만 하려고 노력하는 엄마라고 생각했는데 아니었나? 힘이 되는 말의 중요성을 잘 아는 나지만 설교를 늘어놓고 싶은 엄마 마음을 이겨내지는 못하고 있었나 보다.

잔소리는 지시와 명령이 아니어야 한다

요즘 부모들은 자녀와의 관계를 개선하기 위해 대화법을 배우고, 자녀의 생각을 키우기 위해 하브루타 교육법을 배우고, 자녀가 감성이 풍부한 사람이 될 수 있도록 감정 코칭을 배운다고 한다. 하지만 모든 부모 교육의 기본은 아이의 마음을 배우는 일이다. 우리는 하루에 몇 번이나 아이들에게 힘이 되는 말의 씨를 뿌리고 있는가. 어려운 일도 아니고 특별한 기술이나 방법이 필요한 일도 아닌데 그렇게 하지 못하는 경우가 더 많다.

아이들이 듣고 싶어 하는 말보다 엄마가 하고 싶은 말을 더 많이 한다. 모든 가정이 제각각 다를 텐데도 대한민국 엄마라면 공통으로 입에 달고 사는 문구가 몇 가지 있다.

- "제발 이것 좀 해. 그건 하지 말고."
- "숙제해라. 다했으면 공부도 좀 해봐."
- "학원 갈 시간이야."
- "빨리빨리! 몇 번을 말하니!"
- "네 할 일은 네가 좀 알아서 해. 언제까지 엄마가 챙겨줘야 하니?"

물론 이 대사만 반복하는 엄마는 없다. 사랑한다거나 고맙다는 말, 괜찮다는 표현도 하지만 결국 아이들이 듣고 싶어 하는 말보다는 엄마가 하고 싶은 말을 더 많이 사용한다. 그래서 아이들은 엄마의 말에서 힘을 얻지 못한다.

엄마가 되어보니 아이의 행동을 지켜보다가 불쑥 걱정이 앞설 때가 있다. 그럼 여지없이 잔소리를 하게 된다. 엄마의 속도로 아이를 바라보니 느린 모습이 답답해서 자꾸 재촉하는 말이 나온다. 화내거나 소리 지르지 않고 조근조근 이야기했지만 아이에게는 듣기 싫은 잔소리였다. 엄마는 아이가 듣고 싶어 하는 말만 하다가 아이가 비뚤어지거나 바르지 못한 행동을 하게 될까 봐 불안해서 병이 난다. 고로 아이를 잘 키우기 위해서 엄마는 잔소리를 해야 하고 아이는 잔소리를 들어야 한다고 여긴다.

엄마와 아이의 소통을 위해서는 잔소리의 개념부터 정리할 필요가 있다. 잔소리는 아이에게 지시와 명령을 내리기 위한 말이 아니라 올바른 가치관을 보여주는 말이 되어야 한다. 앞서 살핀 '대한민국 엄마들의 흔한 대사'는 이런 기준에서 볼 때 잔소리가 명확하다.

같은 말도 주어를 바꾸면 잔소리

"엄마는 잔소리쟁이"라는 딸아이의 충격적인 고백을 듣고 나의 언어 습관을 점검해 보았다. 톤과 억양만 부드러웠을 뿐, 아이의 행동을 미리 걱정하는 불필요한 말이 대부분이었다. 온갖 좋은 책에서 대화법을 배워 따라 하기 전에 잔소리를 줄이는 것이 먼저다. 잔소리를 줄이기 위해서는 눈을 질끈 감고 살아야 한다. 아이를 보고 있으면 입단속이 영 되지 않는다.

아이가 무엇을 하는지 졸졸 뒤쫓지 말고 부모가 할 일을 찾아서 해야 한다. 숙제하는 아이를 지켜보며 '장난하지 말고 집중해라'고 참견하거나 학교 준비물을 챙길 때 옆에 서서 '빠진 물건 있는지 다시 생각해 봐라'고 덧붙이는 것은 모두 아이를 독립된 존재로 인정하지 못해 나오는 엄마의 불안감이다.

아이의 행동을 보고도 침묵할 수 있는 경지에 오르기 전까지는 아예 다른 일에 집중해서 아이 그림자만 뒤쫓지 않는 것이 가장 손쉬운 길이다. 아이가 숙제할 때 부모도 옆에서 자기만의 숙제를 한다. 아이가 일기를 쓰면 부모도 옆에서 부모 일기를 쓴다. 아이의 행동만 보지 않고 부모가 할 일을 찾아서 하면 눈이 감겨 아이의 미흡한 점이 보이지 않는다. 눈을 감으면 잔소리가 줄어든다.

하지만 엄마가 꼭 해야 하는 잔소리, 즉 올바른 가치관을 전달하기 위한 조언은 계속해야 한다. 아이들 입장에서는 엄마 입에서 나오는 말이 모두 잔소리로 들린다. 올바른 가치관에 대한 이야기도 엄마 입에서 나오면 잔소리가 된다. 말이 잘못된 것이 아니라 방법이 잘못되었기 때문이다. 엄마의 말에는 항상 가르침이 따라다닌다. "사람이 책을 만들고 책이 사람을 만든다는 훌륭한 말이 있단다"라고 해놓고는 꼭 "그러니까 너도 책을 읽어야 해. 오늘은 몇 권 읽을래?" 하는 말이 붙는다. 이보다는 "너무 감동적인 말씀이더라"나 "엄마는 이 말을 들으니 독서가 하고 싶어져서 매주 한 권씩 읽어보기로 했어"라고 해야 한다.

잔소리와 올바른 가치관을 전달하는 말의 차이를 발견했는가. 같은 이야기지만 잔소리의 주어는 아이고, 올바른 가치관을 전달하는 말의 주어는 엄마다. '너 이렇게 해라'가 아니라 '엄마는 이렇게 하겠다'고 선언하는 것이다. 엄마가 행동으로 실천하는 삶은 아이의 마음을 움직인다.

소통은 질문에서 시작된다

엄마가 아이에게 눈을 떼지 못하는 이유는 불안하기 때문이다. 특히 자식 문제에서만큼은 해결사가 되고 싶은 엄마라면 잠시도 감시를 멈출 수 없다. 그러나 의연하게 눈 감을 때와 떠야 할 때를 아는 것이 부모의 역할이다. 불안한 마음을 먼저 잘 다스리고 엄마가 하고 싶은 말을 줄이자. 아이가 듣고 싶어 하는 말을 매일 자주 해주고 올바른 가치관을 들려주면 아이는 스스로 마음을 키우게 된다.

내 아이가 어떤 말을 듣고 싶어 하는지는 전문가에게 물을 것이 아니라 내 아이에게 직접 물어야 한다. 부모의 언어 습관이나 아이가 처한 상황에 따라, 아이의 성장 정도에 따라 듣고 싶은 말은 바뀌기 마련이니 자주 물어야 한다. 아이에게 무슨 말을 건네야 할지 모를 때는 대화법부터 찾지 말고 "어떤 말을 들으면 힘이 날 것 같니?"라고 질문해 보자. 같은 잘못을 되풀이하는 아이에게는 "몇 번을 말해야 알아듣니!"라고 쏘아붙이기보다 "어떻게 말하면 네 행동이 달라질까?"라며 소통을 시도해 보자.

아빠에게 듣고 싶은 말, 엄마에게 듣고 싶은 말, 형제나 자매에게 듣고 싶은 말을 물어보고 그 이유도 함께 질문해야 한다. 아이가 그 말을 왜 듣고 싶어 하는지 부모가 멋대로 해석하면 곤란하다. 그러면 아이의 의도와 상관없이 부모가 하고 싶은 말을 하게 된다. 아이가 원하는 말의 목록을 적어서 잘 보이는 곳에 붙여두고 아이의 마음을 느껴주자. 그리고 말해주자. 엄마는 너를 사랑한다고.

무의식에서 나오는 지시·감시·무시의 표현

"엄마가 하는 말은 듣기 싫어"

말은 마음을 멀어지게도 하고 가까워지게도 한다. 말을 관리하는 것은 누군가와의 관계를 관리하는 것과 같다. 아이와 주고받는 대화에 따라 아이와의 감정이 불편해질 수도 원만해질 수도 있다. 부드러운 관계를 맺게 하는 말을 먼저 배우고 싶겠지만 그 전에 엄마의 언어 습관을 점검해 보자.

아이에게는 좋은 것을 더 주는 것보다도 나쁜 것을 빼주는 것이 더 효과적일 때가 있다. 말이 그렇다. 관계를 멀어지게 하는 말을 빼고 나서 사이가 돈독해지게 하는 말을 더해야 진정성이 느껴진다. 그렇지 않으면 아이는 '말뿐일 거야'라고 받아들이기 쉽다. 내가 듣기 싫은 말은 남도 듣기 싫으며, 듣기 싫은 말만 하는 사람과는 가까이하지 않게 된다.

지시: 기계 버튼을 누르는 엄마

그런데 지금까지 접한 사례를 분석해 보니 대한민국 부모가 가장 많이 사용하는 언어 형태는 '지시'였다. 지시를 하지 말라고 미션을 내리면 아이에게 할 말이 없어질지도 모르겠다고 할 정도다. 과연 어떤 지시가 아침부터 잠들 때까지 가정을 채우고 있을까.

- "일어나라."
- "씻어라."
- "밥 먹어라."
- "학교 가라."
- "숙제해라."
- "공부해라."
- "간식 먹어라."
- 사이좋게 놀아라."

지시는 윗사람이 아랫사람에게, 상위조직이 하위조직에게 무엇을 하도록 전하는 말이다. 사회는 조직으로 구성되고 조직에는 체계가 있다. 그 조직에서는 지시가 존재해야 질서 있게 관리된다. 사회생활을 할 때는 지시를 잘하는 능력과 지시에 잘 따르는 능력이 꼭 필요하다.

지시 그 자체가 잘못되었거나 나쁜 일은 아니지만 아이를 향한 엄마의 지시는 아이와의 관계를 멀어지게 하는 원인 1위가 되어버린다. 이럴 때는 관계를 멀어지게 하는 지시 대신 관계를 원만하게 하는 지시를 하면 된다.

관계를 멀어지게 하는 지시는 무조건적인 복종을 강요한다. 기계를 움직이기 위해 버튼을 누르는 것과 같다. 반면 관계를 원만하게 하는 지시는 따를 수밖에 없는 명확한 이유가 있다. 그러니 불만을 가질 수는 있지만 반박은 할 수 없다. 엄마들이 사용하는 지시에는 이유와 논리적 근거가 부족하다. 기계를 작동하는 데는 논리적 근거가 필요 없다. '일어나라' '씻어라' '숙제해라' '치워라' 같은 지시는 기계에 하는 명령어와 같다. 이런 명령은 상대가 사고하지 않고 입력된 대로만 움직이게 한다. 제대로 된 지시라면 명령과 함께 이유와 근거를 제시해 사고를 유도하고 자발성 있게 움직이도록 한다. 예를 들어 알아보자.

- "오늘부터 하루에 책 한 권씩 읽어."

→ "책은 마음의 양식이야. 그래서 사람은 매일 책을 읽어야 한

단다. 독서량은 네가 상황에 맞게 조절해."

앞의 말은 책 한 권을 무조건 읽으라는 명령 버튼을 누른 것과 같다. 그다음 말은 독서의 가치를 먼저 설명하고 독서량을 결정할 자율권을 넘겨주고 있다. 그때그때 상황에 맞게 생각할 여지를 남겨놓은 것이다.

부모들에게 지시를 아예 하지 말라고 조언하는 것은 아무 말도 하지 말라고 하는 것과 같다는 것을 알기에 그 대안을 찾아보았다. 가치 있는 이유와 논리적인 근거가 있는 지시 방법을 사용하면 아이와의 관계가 한결 좋아질 것이다.

감시와 주시: 우리 엄마는 CCTV

지시 다음으로 많이 하는 말이 있다. 주시와 감시의 말이다. "엄마가 언제나 지켜보고 있다"라거나 "너는 내 손안에 있다"는 등의 표현이 속한다. 엄마들은 왜 주시의 말을 할까? 통제하고 싶기 때문이다.

1990년대 후반, 유치원 교사 생활을 처음 시작하던 무렵 교실에 CCTV가 없었다. 지금은 유치원과 어린이집 교실을 카메라가 지켜보고 있다. 외부에 있는 학부모가 아이의 안전과 교실 분위기를 확인할 수 있다는 순기능이 있지만 교사 입장에서는 교사의 양심보다 CCTV를 의식하게 된다. CCTV가 없을 때는 아이들과 사랑의 표현도 자연스럽게 할 수 있었는데 이제는 오해의 소지가 생길 만한 일은 가급적 자제하게 된다.

만약 아동학대를 예방하기 위해 모든 가정에 감시 카메라를 설치하는 법이 만들어진다면 어떨까. 아마 큰 반발이 일어날 것이다. 누군가 나를 항상 주시하고 있다는 사실은 마음을 불안하게 조이는 행위와 같다.

'엄마가 다 보고 있어'라거나 '엄마는 다 알아. 선생님께 확인할 거야'라는 말은 엄마를 CCTV로 만든다. 주시의 말로 통제받고 자란 아이는 엄마의 시선이 머물 때는 엄마의 말에 따라 행동하지만 CCTV의 사각지대에 들어서면 억압되었던 행동을 시작하게 된다.

유치원 교사로 일하던 시절, 엄마의 완벽한 통제에 의해 움직이는 일곱 살 남자아이가 있었다. 그 엄마는 아이가 늘 집에서 보이는 모습처럼 모범적으로 생활하고 있다는 굳은 믿음을 가지고 있었지만 이는 사실과 달랐다. 아이는 유치원에서 심한 공격성을 보였고 상대의 마음을 고려하지 않은 거친 말로 친구에게 상처를 주는 등 사회성 부족이 두드러지게 보였다.

학부모 상담을 통해 아이 엄마에게 유치원 생활에 대해서 말

쏨드렸다. 그러자 그 엄마는 유치원과 담임인 나를 비난했다. 나는 졸지에 자질 없는 교사로 추락했다. 자신이 지켜볼 수 없는 사각지대가 있다는 것을 몰랐던 엄마는 주시에 따라 움직이는 자기 아들이 그런 행동을 한다는 사실을 받아들일 수 없었던 것이다. 지금도 가끔 그 아이가 어떻게 자라고 있을지 궁금하다.

엄마가 감시자가 되어 자꾸 주시의 말을 하면 아이는 엄마와 형식적인 관계를 맺고 사각지대에서 통제되었던 마음을 반사회적 행동으로 표출한다. 사회심리학자 웬디 그롤닉Wendy Grolnick에 의하면 '조절'하는 부모와 '통제'하는 부모의 차이는 다음과 같다.

조절하는 부모는 아이가 특정 행동을 하는 데 최소한으로 개입하며, 아이가 스스로 자기 의지에 따라 행동한다고 믿게 한다. 여기에서 조절한다는 말은 나이에 따라 한계를 분명히 하고, 아이들이 스스로 선택하며 실수를 통해 배우도록 허락함으로써 자율성을 키우도록 돕는 행동을 말한다. 이들은 부모가 내린 결정에 대해서는 그 이유를 설명해 준다. 아이가 성장하면 점차 아이와 의견 조정도 한다.

반면에 통제하는 부모는 복종에 큰 가치를 두고 특정한 결과가 나오도록 아이를 이끌며, 처벌하고 평가를 내리며, 기한을 정해 압박하거나 아이의 죄책감을 자극해 스스로 순종하게 만든다. 양육방식을 연구한 많은 학자들의 공통된 연구 결과는 통제형 부모 밑에서 자란 아이들은 자존감이 낮고, 부모의 통제에 순응하려는 압박감에 심리적 불안이 높으며, 통제에서 벗어나면 공격적 행동을 보인다고 한다.

그롤닉은 “아이들이 간섭 받지 않고 자기 흥미를 찾아갈 수 있는 자유를 허락하는 일이야말로 내재적 동기에 가장 중요하다”고 했다. 그런데 만약 엄마가 없는 곳에서 아이가 잘못된 행동을 저질렀다고 가정해 보자. 나중에 이를 알게 된 엄마는 어떻게 대응해야 할까. 감시자가 되지 않기 위해 모른 척 넘어가야 할까. 아니면 바른 지도를 위해 ‘엄마는 다 알아. 너 숨기는 일 없니?’라고 한마디 해야 할까.

이럴 때는 의인화를 이용한 방법이 있다. 아이가 학교에서 친구 얼굴에 물을 뿌려 선생님께 혼났다고 해보자.

“동물 마을에 사자와 곰이 있었는데 둘은 같은 반 친구 사이였대. 그런데 어느 날 사자가 곰에게 물을 뿌렸다지 뭐야.”

여기까지 말하면 유치원에 다닐 나이의 아이는 마치 사자가 된 것처럼 자신의 상황과 감정을 이입하여 동화로 자신을 표현할 것이다. 한편 초등학생이라면 ‘나도 그런 적 있었는데……’라며 동화

내용과 같은 자기의 사례를 직접적으로 꺼내 대화로 풀게 될 것이다. "엄마는 네가 하는 일을 다 알고 있어"라며 대화를 시작하는 것과 아이 스스로 "나도 이런 일이 있었는데"라고 대화를 시작하는 것에는 차이가 있다. 전자는 감시지만 후자는 아이가 스스로 이야기하는 것이다. 엄마가 '너는 부처님 손바닥 안에 있어'라는 태도로 지도하는 것보다 상황에 맞는 전래동화나 이솝우화 같은 이야기를 읽어주고 의인화된 내용으로 대화를 시도하는 것이 좋다.

무시와 멸시: 최악의 언어 습관

그렇다면 가장 나쁜 언어 습관은 무엇일까. 인간관계에서 가장 강력하게 부정적 감정을 불러일으키는 말은 멸시와 무시다. 부모가 무심코 내뱉는 무시의 말은 아이와의 관계를 멀어지게 하는 정도가 아니라 아예 끊어지게 만들 수 있다. 업신여김을 당했다고 느꼈을 때 사람은 이성을 잃는 행동을 한다. 멸시를 자주 받는 사람은 그 관계를 끊어버리며 복수심을 키우기도 한다.

사랑스러운 아이에게 멸시의 말을 내뱉는 부모가 과연 있을까 싶지만 우리 주위에서 그 예를 흔히 찾을 수 있다. 대표적인 말은 다음과 같다.

- “네가 하는 일이 다 그렇지. 누구 닮아서 그러니?”
- “너 때문에 속상해 미치겠어. 엄마를 왜 그렇게 못살게 굴어?”
- “도대체 할 줄 아는 게 뭐야?”

눈을 맞추지 않고 말하거나 아이가 없는 듯이 행동하는 것, 아이의 말이나 행동 끝에 습관처럼 따라붙는 한숨 등도 같은 의미를 내포하는 비언어적 표현이다. 아이는 무시와 멸시의 말을 들으면 상처받지 않기 위해 방어기제로 반사적 행동과 말투를 사용하게 된다. 부모는 이런 아이의 방어기제를 불량스러운 언행으로 인지하고 더욱 혼낸다.

아이 마음을 들여다보지 않고 부모 마음으로만 아이를 평가하는 무시와 멸시의 말. 이런 경우 아이는 부모와의 관계를 단절시킬 결심을 하거나 복수를 꿈꾸게 된다. 부모가 싫어하는 행동만 골라 하며 소심한 반항을 하다가 사춘기가 되면 대놓고 반항한다. 무시와 멸시의 말은 아이에게 수치심과 열등감을 불러일으키며 아이는 자기 비하와 피해의식에 빠져 자존감을 잃고 반항심만 키울 수 있다.

가족치료와 감정 코칭의 세계적인 권위자 존 가트맨 박사의 말에 따르면 무시와 방어가 깃든 관계가 멀어지는 대화, 비난과 경멸 등이 깃든 원수 되는 대화가 있는데, 이런 방식의 대화를 이어나갈 경우 말 그대로 관계를 멀어지게 하고 원수 되는 관계가 된다고 한다. 이렇게 다가가는 감정 코칭형 대화가 아닌 무시, 비난, 경멸 등의 대화가 지속되면 이후 아이의 자아가 강해지는 청소년기에 이르러 중독, 자해, 우울, 폭력, 왕따, 운둔 등의 정서적인 문제로 인한 행동을 유발할 위험까지 있다고 한다. 그런데도 부모들은 이를 제대로 인지하지 못한 채 화났다는 이유만으로, 혹은 좀 더 잘해보라는 의도로 언어폭력을 행사한다. 하지만 모르고 저질렀다고 괜찮은 일이 되는 것은 아니다. 모르는 것도 죄다.

아이에게 독심술이 있어서 부모의 깊은 마음을 찰떡같이 알아들으면 좋겠지만 아쉽게도 그럴 수 없다. 멸시와 무시의 말이 가슴에 박히면 빼내기 어렵다. 상처가 아무는 데 시간이 너무 많이 걸리고 상처가 덧나기도 하므로 아주 위험하다. 반이나 썩은 사과에 아무리 좋은 영양제를 주고 약을 친다고 하더라도 다시 싱싱한 사과로 돌아오지는 않는다. 관계를 파괴하는 무시와 멸시는 절대로 하지 말아야 한다.

더하기보다 빼기

아이와의 관계가 원만하지 못한 상태에 있다면 엄마의 말을 점검해 보기 바란다. 24시간 자동 반복되는 카세트테이프처럼 지시하고 있지는 않은지, CCTV가 되어 감시하고 있지는 않은지, 아이의 행동에 늘 못마땅하다는 메시지를 보내고 있지는 않은지 점검하자. 이런 언어 사용을 줄이면 부모와 아이 사이에 호의적 감정이 되살아난다.

아이와 가깝게 지내고 싶다고 무턱대고 아무 좋은 말이나 던지면 곤란하다. 감정이 준비되지 않은 상태에서 하는 말은 진정성을 잃어버린 형식적 멘트나 아부로 들린다. 관계를 멀어지게 하거나 끊어버리는 언어 습관을 줄이는 연습부터 하자. 좋은 말을 더하기보다 상처 되는 말을 빼는 것이 먼저다.

권위적인 부모와 권위 있는 부모는 다르다

중2병에 이어 초4병

중학교 2학년 때 온다는 중2병에 이어 초등학교 4학년 때 걸린다는 초4병까지 등장했다. 사회는 이런 말을 만들어 아이들을 환자로 정해놓고 있다. 이맘때 아이들이 돌발 행동을 보여도 원래 그럴 나이라며 당연하다고 생각해 버린다.

"요즘 애들은 사춘기가 무섭게 온다더라. 건드리면 안 된다고 하던데?"

"여자애들한테는 화장하지 말라고 하느니 차라리 비싼 화장품을 선물해 주래. 못 하게 하면 안 보이는 곳에서 싸구려 바른다고."

사춘기 아이에게는 무슨 말을 해도 안 되고 서로 관계만 멀어지기 때문에 못 본 척하거나 건드리지 말아야 가출이라도 하지 않는다고 말한다. 원하는 대로 뭐든지 맞춰주면 아이와 갈등 없이 지낼 수 있을까. 부모들은 원만한 관계까지는 바라지도 않으니 대학 들어가기 전까지 공부만 손에서 놓지 않았으면 좋겠다고 한다. 공부 때문에 노심초사하며 다 받아주는 모양새가 완전히 왕 대접이다. 이 시대 부모는 아이의 눈치를 보며 아슬아슬한 외줄을 타고 있다.

사춘기 반항은 미리 막을 수 있다

결론부터 말하자면 자녀와 원만한 관계를 미리 유지하는 경우 사춘기가 왔다고 노심초사할 필요가 없다. 초4병이나 중2병도 겪지 않는다.

어른이 된 우리는 많은 사람과 관계를 맺으며 살아가고 있지만 그 모두와 원만히 지내지는 못한다. 우리는 어떤 사람과 더 특별히 깊은 사이를 유지하는가. 부족해도 인정해 주고 힘들면 위로해 주고 있는 그대로 사랑해 주고 진정으로 성장을 위해 조언해 주는 사람이다. 부모와 자식도 마찬가지로 관계를 유지하기 위해서는 진정한 사랑이 필요하다.

이는 부모뿐만 아니라 아이들을 가르칠 교사를 교육할 때도 특히 강조된다. 부모들에게 세상에서 가장 좋은 유치원은 내 새끼 사랑하는 유치원이고, 세상에서 가장 좋은 선생님은 내 새끼 사랑하는 선생님이니 아이를 사랑으로 가르쳐야 한다고 거듭 말한다.

부모 역시 아이를 사랑할수록 아이와의 관계가 좋아지고 아이를 가르치기도 아주 편해진다. 어른도 나를 진정 사랑해 주는 사람의 말은 조건 없이 따르게 되고 그의 마음을 아프게 하는 행동은 하고 싶지 않아진다. 아이들의 감정은 어른보다 더 단순하다. 아이를 사랑해 주면 팥으로 메주를 쑨다고 해도 믿어버린다. 사랑하라는 말은 집착하라는 것도 아니고 스토커가 되라는 것도 아니며 매일 '사랑해'라고 반복하라는 것도 아니다. 평소 나누는 대화에 사랑을 담으라는 의미다.

하루는 아이가 일기를 쓰지 않았는데도 다 썼다는 거짓말을 했다. 아이의 일기를 보지 않기로 해놓고 살짝 들춰 확인한 나도 잘못이지만 아이의 거짓말을 그냥 넘어갈 수는 없었다. 아이가 거짓말을 한 사실보다 얼굴 표정 하나 바꾸지 않고 '네'라고 답하는 모습에 더 놀랐다. 정말 일기를 썼냐며 같은 질문을 몇 번 반복하자 모른다고 했다. 그래서 아이에게 사랑을 담은 말로 마음의 매질을 해주기로 했다.

엄마 | 사람은 누구나 해야 할 일이 있지만 하기 싫을 때가 있어.

아이에게 공감해 주는 말로 대화를 시작한다.

엄마가 해야 할 일을 하지 않고 다 했다고 거짓말하는 사람이었으면 좋겠니?

스스로 생각할 시간을 준다.

아이 | 머뭇거리다가 아니…….

엄마 | 엄마가 일을 하기 싫을 때 어떻게 하면 좋겠다고 생각하니?

아이 | 하기 싫어도 하거나 하기 싫다고 정직하게 말을 하면 좋겠어.

엄마 | 엄마는 너에게 부끄럽지 않도록 그렇게 살고 있고 앞으로도 그렇게 살도록 노력할 거야.

아이 스스로 반성하는 시간을 갖도록 한다.

사랑으로 하는 마음의 매질이 실제 체벌보다 더 아프기도 하고 가슴에도 남기 때문에 스스로 행동을 조절하게 하는 효과가 있다. 자녀의 감정과 생각을 읽고 헤아려주는 '마음 읽기'는 한때 엄마들 사이에 육아 트렌드가 되기도 했다. 하지만 아이가 잘못을 했을 때 어떤 생각과 마음을 가졌는지를 알아주는 것으로만 끝난다면 아이는 무엇이 잘못된 것인지 인지하지 못하고, 어떻게 고쳐야 하는지 배우지 못한다.

얼마 전 tvN 〈유퀴즈 온 더 블록〉 프로그램에 아이들을 30년간 상담 평가한 아주대학교 정신건강의학과 조선미 교수가 출연해 양육자의 과도한 마음 읽기가 가져오는 부작용에 대해 이야기했다. 제대로 된 가르침 없는 마음 읽기로 인해 스스로를 통제하는 법을 배우지 못한 아이들이 성장해 학교에 다니게 되면 더 큰 문제가 야기된다는 것이다.

그렇다면 올바른 훈육, 즉 말로 사랑을 담은 마음의 매질은 어떻게 해야 할까. 우선 아이를 훈육할 때는 서로 마주 보고 눈을 맞추는 것이 좋다. 받아들이는 아이의 수준을 고려하여 여기까지 말해도 되고 "엄마가 사랑하는 딸도 그렇게 했으면 좋겠어"라며 한마디 더해도 괜찮다. 말에 사랑을 담으면 아이 스스로 생각하고 반성하는 시간을 가지게 된다. 가르치려는 마음만 담으면 뻔한 도덕적 설교가 된다. 부모의 설교처럼 모든 행동을 잘하면 좋겠지만 아쉽게도 아이들은 그렇게 할 때도 있고, 못할 때도 있다. 항상 해낼 수 없는 아이들을 하지 않아놓고 혼날까 봐 했다고 말하게 된다. 결국 부모의 뻔한 설교와 가르침이 아이를 거짓말쟁이로 만들어버린다.

사랑한다고 해서 원하는 것을 무조건 다 들어줄 수는 없다는 사실을 아이에게도 알려주어야 한다. 아이가 좋아하는 예쁜 강아지를 보면서 말해도 좋다.

엄마 | 엄마 친구가 강아지를 키우는데, 그 강아지가 병원에 입원했대.

아이 | 왜?

엄마 | 강아지가 초콜릿을 너무 좋아해서 매일 달라는 대로 먹였대.

아이 | 엄마 친구는 초콜릿이 강아지 몸에 해로운 걸 몰랐대?

엄마 | 알았는데 강아지를 너무 사랑하니까 원하는 대로 줬다고 하더라.

아이 | 그건 사랑이 아니야.

병원에 간 강아지 이야기는 사실이 아니라 지어낸 이야기로, 아이로 하여금 스스로 생각할 수 있게 하기 위한 장치였다. 가끔 아이가 자기 뜻대로 들어주지 않는 것을 불만스러워할 때 나는 사랑의 무기를 꺼내 쓴다. 엄마는 "사랑하는 딸이 그렇게 하기를 원하지 않아. 자식을 사랑하는 엄마는 자식에게 해로운 것은 안 된다고 말할 줄 아는 엄마야"라고 이야기한다. 사랑을 받고 자라는 아이, 사랑이 가득한 가정에서 성장한 아이는 관계를 위해 감정을 조율할 줄 안다. 그러므로 사춘기가 오더라도 초4병이나 중2병을 겪지 않는다.

권위와 권력은 다르다

부모들은 자식을 위해 산다고 한다. 자식 입장에서는 그냥 부모가 부모 자신을 위해 살아주었으면 싶다. 부모는 자신의 모든 고생과 노력이 '자식을 위해서'라고 한다. 아이 입장에서는 그렇게 해달라고 한 적도 없는데 억울하다.

우리는 '너'를 위한 삶이 아니라 '나'를 위한 삶을 살아야 한다. 각자의 삶을 산다는 것은 이기적으로 사는 것이 아니라 독립적으로 사는 것을 의미한다. 아이를 독립적으로 키운다고 해서 마음대로 하게 두라는 뜻이 아니다. 스스로 생각하고 판단하고 책임질 줄 알도록 길러야 한다. 아이 마음을 전혀 고려하지 않고 '다 너를 위해서 그랬다'고 하면 부담과 스트레스만 커진다.

부모로서 하는 자식 사랑도, 남편을 위한 배려도, 도움이 필요한 곳에 일손을 나누는 봉사도 결국 나를 위한 결정이어야 한다. 다른 사람을 위해 무엇인가를 해준다는 마음일 때는 보상을 바라는 기대 심리가 생겨 결국 '내가 너한테 얼마나 최선을 다했는데 네가 나한테 이럴 수 있어'라고 생각하게 된다. 관계가 원만해지기 위해서 부모와 자식은 각자를 위해 살아가야 한다.

아이를 독립된 존재로 인정하겠다고 결심했더라도 부모에게는 권위가 있어야 한다. 그래야 부모 말에 힘이 생긴다. 누구나 권위 있는 사람의 말을 더 잘 믿고 따른다. 권위는 남을 지휘하거나 통솔하는 힘 또는 일정 분야에서 인정받고 영향력을 끼칠 수 있는 위신을 의미한다.

이는 권력과는 다르다. 권력은 남을 복종시키거나 지배할 수 있는 공인된 권리와 힘이다. 가정에서라면 부모가 자녀에 대하여 가지고 있는 강제력을 이른다. 부모는 권위와 권력을 착각하여 자식에게 권위가 아닌 권력을 내세우기도 하고, 자식이 권위 있는 사람보다는 권력을 가진 사람으로 자라기를 바라기도 한다.

하지만 권력은 복종과 반항을 부르고 권위는 존경을 키운다. 직장에서 상사가 상사 같지 않으면서 대접받기만 원하고 권력을 내세우는 경우가 있다. 한편 후배가 스스로 존경하고 존중하고 싶게 만드는 권위 있는 상사도 있다. 둘의 차이는 상사로서 행실을 잘하느냐 못하느냐 하는 지점에서 나온다.

이는 부모 자식 간에도 마찬가지다. 부모가 자식에게 모범이 되는 모습을 보이는 만큼 권위가 생긴다. 책임감 있는 어른으로 살아야 권위가 바로 선다. 본인은 그렇게 살지 못하면서 권력을 내세워 아이에게 이래라저래라 하면 '자기도 못하는 주제에 나더러 잘하라고 한다'는 반발심을 키우고 부모 자식 관계가 멀어지게 된다. 훗날 사춘기가 왔을 때 반항심을 불러일으키는 원인이 여기에 있다.

스스로 판단할 수 있도록

요즘 아이와 친구같이 지내고 싶다는 부모가 많아졌지만 부모는 부모로서 권위를 가져야 하고 친구는 친구로서 곁을 지켜줘야 한다. '친구 같은 부모'라는 말에는 함부로 권력을 행사하지 않고 아이를 독립된 인격체로 존중하겠다는 뜻이 담긴 듯하지만, 말은 바로 해야 한다. 단어 하나 차이로 전해지는 의미는 완전히 바뀐다. 친구가 같은 부모가 아니라 부모 같은 부모가 되어야 한다.

아동 전문가 오은영 박사 또한 아이와 사이좋게 지내기 위해 친구 같은 부모가 되려는 행동이 자칫 아이가 부모와 자신을 동급으로 여기게 되는 부작용을 낳을 수 있다고 경고했다. 아이와 부모는 각자의 위치와 역할이 있다. 부모는 양육자로서의 역할을 하고 자녀는 자녀의 위치에서 성장하고 발달해나가는 자기 역할을 하며 서로 사랑을 주고받아야 한다는 것이다. 부모로서의 권위 또한 부모가 가져야 할 역할 중 하나다.

권위 있는 부모와 권력을 내세우는 부모가 다르듯 권위적인 부모도 앞의 둘과는 완전히 다르다. 권위 있는 부모는 안전과 도덕적 문제에서 확고한 원칙과 기준이 있으며 자신의 생각을 설득력 있게 관철시켜 존경을 이끌어낸다. 권위적인 부모는 원칙과 기준 없이 자기중심적이고 비민주적으로 부모의 생각을 강요한다. 쉽게 이해할 수 있도록 예를 들어보자. 아이가 친구에게 주먹질한 상황이다.

- **권력을 내세우는 부모**

폭력은 어떤 경우에도 정당해질 수 없다고 가르친다. 그래 놓고 친구에게 주먹질한 상황을 바로 고치겠다며 체벌한다. 부모 자신은 아이가 잘못을 저지르면 때리거나 언어폭력을 자주 가한다. 아이에게 가르치는 내용을 본인은 전혀 실천하지 못하며 부모라는 힘을 빌려 아이의 행동을 좌지우지하려 한다.

• **권위적인 부모**

폭력은 잘못된 행동이니까 사과하라고 강요한다. 아이는 주먹질할 만한 이유가 있었다는 상황을 이해받지 못한 채 억울한 마음으로 마지못해 친구에게 미안하다고 말한다. 아이의 상황을 들어보지 않고 독단적으로 강요한다. '폭력은 쓰지 않는다'는 말을 부모 본인이 실천하고 있기는 하지만 아이가 자발적으로 깨우치고 행동할 수 있는 기회를 주지 않고 부모의 강압으로 행동하게 한다. 부모 자신이 권위 있음을 행사한다.

• **권위 있는 부모**

친구를 왜 때렸는지 원인을 들어주고 그 방법이 옳았는지 아이 본인이 판단할 수 있게 대화한다. 친구를 때려서 얻은 것과 잃은 것에 대해 떠올리게 한다. 아이 스스로 깨닫게 했으니 해결도 스스로 하게 한다. 아이를 부모의 소유물로 여기지 않는다. 물론 부모가 본보기가 되어준다. 아이로 하여금 부모님 말씀은 꼭 들어야 한다는 마음이 들도록 한다.

관계를 원만하게 유지하기 위해 무조건 아이의 말을 들어주고 아이가 원하는 말만 들려줄 수는 없다. 부모로서의 권위를 가지면서 아이를 진정 독립된 인격체로 존중해야 한다. 그리고 사랑을 담아 말해야 한다. 마음을 담지 않고 나오는 말은 상대에게 도착하기 전에 연기처럼 사라져 버린다. 마음의 거리는 관계의 거리다. 어떤 말을 어떻게 해야 할지 부모가 머릿속으로 열심히 고민하는 것보다 옳은 가치관을 가지고 바르게 살아가는 모습을 보이는 것이 부모 자식 관계의 기초가 된다. 아이 마음에 든든한 부모가 자리하면 관계는 가까워진다.

훈육보다 어려운 칭찬의 기술

고래는 칭찬해도 아이는 칭찬하지 마라

대한민국은 자식 교육을 엄하게 해 칭찬이 인색한 나라였다. 그런데 칭찬은 고래도 춤추게 한다는 말이 유행하며 아이를 움직이게 하고 싶은 생각에 칭찬을 시작한 부모가 많다. 특정 교육법이 퍼지면 필터를 거치지 않고 무조건 따라 하는 부모를 보며 안타까운 심정을 느낄 때가 있는데, 고래 칭찬도 그중 하나다.

고래는 동물이고 아이는 사람이다. 고래 심리는 연구해 본 적이 없어서 잘 모르겠지만 아동 심리와 그 발달 과정은 잘 알고 있다. 칭찬은 좋은 점이나 훌륭한 행동을 높이 '평가'하는 말이다. 부모나 어른에게 평가받게 되면 그 기준에 맞게 행동하게 된다. 그러나 자기 자신이 평가를 내리게 되면 스스로 행동을 조절할 수 있다. 평가의 의미를 담은 칭찬은 수동적인 아이로 자라게 한다. 칭찬에는 갑과 을이 있다. 칭찬을 하는 쪽이 갑이고 칭찬을 받는 쪽이 을이다. 갑과 을의 관계는 종속적인 관계다.

칭찬을 교육적 방법이라고 착각하고 아이의 행동을 바꾸기 위한 수단으로 사용하면 부작용이 생긴다. 부모가 흔히 하는 칭찬을 종류별로 나눈 다음 아이에게 미치는 영향을 알아보고 좀 더 나은 대안을 찾아보자.

자신감을 떨어뜨리는 '폭풍 칭찬'

부모들이 흔히 사용하는 칭찬을 네 가지 종류로 나눠보자. 폭풍 칭찬, 평가 칭찬, 비교 칭찬, 보상 칭찬으로 구분할 수 있다. 폭풍 칭찬은 부모의 마음에 드는 일을 했을 때 폭풍처럼 과한 칭찬을 해주는 것이다. 작은 행동 하나 했을 뿐인데 최고라거나 천재라고 치켜세운다.

넘치는 칭찬을 받는 아이는 부담스럽고 불안한 마음을 품게 된다. 폭풍 칭찬을 받은 아이는 칭찬의 범위에서 벗어나지 않으려고 애를 쓰게 되고 그러다 보니 어려운 도전보다는 쉬운 도전을 선택하는 경향이 있다. 최고라는 말이 반복되면 자만심이 커지기도 하고 폭풍 칭찬을 듣지 못할 때는 '내가 부족한 사람인가'라고 생각해 자존감을 잃게 된다.

부모에게 종속시키는 '평가 칭찬'

평가 칭찬은 아이가 어떤 행동을 했을 때 그 결과에 잘했다거나 멋지다며 부모의 주관적 평가를 더하는 것이다. 평가 칭찬은 과정보다 결과를 중시하며 평가 기준이 없다는 특징을 보인다. 아이가 그림을 그려 부모에게 자랑했다고 해보자. 그럼 부모가 "우와! 잘했다! 네가 그렸어? 진짜 멋지네"라고 평가한다.

아이는 어떤 점이 멋지고 어떤 점이 잘되었는지 기준을 알지 못하기 때문에 부모의 눈치를 보게 된다. 부모가 잘했다고 하면 기분이 좋아지지만 바빠서 조금 덜 기뻐하는 목소리로 칭찬하면 기분이 나빠지게 된다. 결국 부모에게 종속된 삶을 살아가게 된다.

아이들에게 주어지는 평가 칭찬에 대한 한 실험이 있다. 사회심리학과 발달심리학 분야에서 세계 최고로 인정받는 미국 컬럼비아대학교 캐롤 드웩Carol Dweck 교수는 뉴욕에 위치한 20개 초등학교를 대상으로 칭찬의 효과를 연구했다. 아이들을 두 집단으로 나눠 난이도가 아주 낮은 퍼즐식 지능 검사를 시험을 내고 한 집단에는 '똑똑하다'는 평가 칭찬을, 나머지 한 집단에는 시험을 열심히 했다는 노력에 대한 칭찬을 했다. 이후 두 번째 시험을 진행하며 처음과 같은 쉬운 수준의 시험과 그보다 더 어려운 시험 중 한 가지를 아이들에게 직접 고르게 했다. 결과는 어땠을까? 놀랍게도 평가 칭찬을 받은 집단은 대부분 쉬운 시험을 선택했고, 노력을 칭찬받은 아이들은 90퍼센트가 어려운 시험을 선택했다고 한다. 똑똑하다는 평가 칭찬을 받은 아이들이 더 이상 '똑똑한 아이'가 되지 못할까 봐 위험을 회피한 결과이다.

잘못된 경쟁심을 부르는 '비교 칭찬'

비교 칭찬은 둘 사이를 비교해 한쪽을 칭찬하는 것이다. 어른 입장에서는 잘한 아이의 기를 살려주고 다른 아이들에게도 모범이 되기를 바라는 마음으로 비교 칭찬을 사용하는 경우가 많지만, 두 집단 모두에게 해가 될 뿐이다.

초등학교에 갓 입학한 소심하고 내성적인 남자아이가 있다. 담임선생님은 아이를 면밀히 관찰하고 아이의 성향을 파악한 후 기를 살려주기 위해 이 아이가 다른 아이의 모범이 된다는 칭찬을 하기 시작한다. 학급 분위기가 산만해지면 "○○처럼 저렇게 앉아라"라고 말한다.

그런데 아이라면 누구나 활동적이다. 내성적이라 환경에 적응하는 시간이 필요하거나 움직임이 조금 적은 아이가 있을 뿐이지

가만히 있기는 어렵다. 소극적인 아이는 소극적인 대로 몸을 꿈틀대기 마련인데 선생님이 '저렇게 앉아라'고 했으니 아이는 교사가 말한 '저렇게'가 어떻게 하는 것인지 추측하기 시작한다. 교사와 아이의 기준은 서로 다르기 때문에 소심한 이 아이에게는 어깨를 펴고 손을 무릎에 얹은 채 4교시까지 앉아 있어야 하는 고문이 시작된다.

결국 이 아이는 가만히 앉아 있기가 너무 힘들어 학교 가기 싫다며 매일 아침 엄마랑 실랑이를 벌이게 되었다. 나는 아이 엄마가 담임선생님에게 아이 마음을 전달해 주기를 권했지만, 엄마는 선생님이 아이를 위해 신경 써준 것인 데다가 선생님 나름의 교육 방법인데 감히 말하기 어렵다고 했다.

비교 칭찬은 비교 대상이 된 다른 아이들에게도 좋지 않다. 앞의 경우에서 어떤 아이는 '나도 저렇게 얌전히 앉아야지'라며 마음속으로 반성할 수도 있지만 누군가는 '○○은 왜 나랑 다르게 행동해서 내가 혼나게 하는 걸까'라며 상대를 미워할 수도 있다. '아, 나는 산만한 아이야'라고 판단해 버리는 경우도 있다.

또한 형제끼리 비교하며 칭찬하는 부모가 많다. 하루는 두 남자아이를 둔 엄마가 찾아와 사연을 풀어놓았다. 동생이 밥을 잘 먹지 않으려고 해서 아침마다 전쟁 아닌 전쟁을 치르던 중 육아에 대한 강의에서 '칭찬은 고래를 춤추게 하는 것처럼 아이를 춤추게 한다'는 말을 듣고 칭찬 요법을 써야겠다는 결심을 했다. 그래서 "너는 형보다 밥을 잘 먹는구나. 형이 뺏어 먹기 전에 얼른 먹자"고 했다. 한동안은 칭찬이 통하는 줄 알았는데 금세 예전으로 되돌아갔다.

아이가 편식을 하거나 밥을 잘 먹지 않으면 키가 덜 자라지 않을까, 건강에 문제는 없을까 염려하게 된다. 아침을 조금만 먹이고 어린이집에 보낸 날은 아이가 집에 돌아올 때까지 힘에 부쳐서 놀지도 못할 것만 같아 걱정스러운 마음이 든다. 이래저래 한 숟가락이라도 더 먹이려고 애쓰다 보니 밥만 먹여도 힘이 쭉 빠진다.

엄마와 상담해 보니 동생이 형보다 잘 먹는다는 말은 사실이 아니라 과장된 표현이었다. 결국 아이는 '형보다'라는 말에 얽매여 밥을 먹는다는 원래 목적에서 벗어나 '내가 더 잘 먹어야 한다'는 잘못된 경쟁심에 빠졌다. 형제끼리는 콩 한 쪽도 나누라고 가르치면서 형이 뺏어 먹기 전에 얼른 먹으라니. 이렇게 지도하면 당장은 조금 더 먹일 수 있겠지만 교육적으로 좋지 않은 메시지를 남기게 된다.

비교 칭찬은 형제의 우애를 방해하고 서로를 미워하게 만든다. 특히 형보다 동생이 낫다고 하면 형은 수치스러운 기분을 느낄 것이고, 동생보다 형이 낫다고 하면 형은 자만하게 된다. 어느 경우에도 모두에게 나쁜 결과를 초래할 뿐이다.

당근으로 길들이는 '보상 칭찬'

보상 칭찬은 부모가 원하는 대로 했을 때 보상을 내려 칭찬하는 것이다. 보상을 받기 위해서는 조건이 따르기 마련이다. 부모 입장에서는 행동 변화가 즉시 나타나는 보상 칭찬을 쉽게 사용하지만 아이에게 미치는 부정적 영향은 생각보다 크다.

게임을 너무 좋아하는 아이가 있다. 숙제를 다 끝내면 30분 동안 게임해도 된다는 보상 칭찬을 했다. 아이가 숙제를 다 하게 하면서 돈이나 노력을 들이지 않아도 되니 부모가 보기에는 손해될 것이 없다. 오히려 혼내지 않고 원하는 행동을 이끌어낼 수 있어서 더 좋다고 생각한다.

부모들이 얻고자 하는 보상 효과는 아이가 옳고 그름을 스스로 판단할 수 있는 나이가 되었을 때가 되어야 나타난다. 내면의 판단에 따라 행동했는데 보상이 주어졌다면 이는 칭찬이 될 수 있지만, 그렇지 않고 보상만을 바라며 행동했는데 보상이 주어진다면 이는 동물에게 먹이로 제공되는 당근 역할밖에 하지 못한다. 당근이 없거나 작으면 행동을 이끌어내지 못하게 된다.

보상 칭찬은 아이를 당근과 채찍으로 길들이는 방법이다. 이런 칭찬으로는 자발적인 행동 변화를 기대할 수 없다. 처음에는 당근에 대한 기대로 아이를 움직이게 하지만 같은 당근을 지속적으로 준다면 더 큰 당근에만 반응하게 된다.

칭찬이 아니라 격려

칭찬은 고래만 춤추게 할 뿐 아이를 춤추게 하지는 않다. 아이를 춤추게 하는 것은 격려다. 칭찬은 어떤 행동을 높이 평가하는 것이지만 격려는 용기나 의욕이 솟아나도록 북돋워 주는 것이다. 칭찬과 격려를 비교해 보면 아이들에게 무엇을 말해주어야 할지 확연해진다. 그래서 나는 칭찬보다 격려를 사용한다.

흔히 하는 폭풍 칭찬에서 단어를 조금 바꾸면 아이에게 신비로운 힘으로 긍정적 영향을 미치는 격려가 된다. 방법은 간단하다. '최고다' '천재야'라는 칭찬에 기준을 집어넣으면 된다. 부모 눈에는 아이가 대단하게 느껴질 때가 있다. 그럼 부모의 기준을 넣어서 어떤 점이 최고인지, 어떤 면이 훌륭한지를 말해준다. 부모도 생각하지 못한 문제를 아이가 해결했다면 "엄마도 생각하지 못한 방법을 척척 말해주니 천재처럼 느껴지는구나"라고 말한다. 이렇게 기준을 넣어주면 '내 생각이 엄마에게 도움을 주었다'는 뿌듯함과 함께 앞으로도 자기 의견을 말할 수 있는 용기가 생기고 어려운 문제를 만났을 때 도전해 보고 싶은 의욕이 솟는다. 아이가 장난감으로 작품을 만들어 자랑한다면 "우와, 최고 멋지다"는 말 앞에 "이층집을 만들고 집 앞에 조경도 어우러지게 해서 최고 멋진 집처럼 느껴지는구나"라고 엄마의 기준을 넣어보자.

혹시 알아차렸는지 모르겠지만, 엄마의 기준을 넣은 격려는 '—이구나'가 아니라 '느껴지는구나'로 끝난다. '—이구나'는 엄마의 평가다. 하지만 '느껴지는구나'는 엄마의 느낌일 뿐이다. 무심코 쓰는 단어 하나에도 우리가 모르는 말의 힘이 숨어있다.

'잘했다' '멋지다'는 평가 칭찬도 격려로 바꿀 수 있다. 사진을 찍듯이 눈에 보이는 대로 표현하면 된다. 그림을 그려 자랑하는 아이의 그림을 보고 "여자아이도 있고, 손가락이 다섯 개고, 하늘에 구름이 있네"라고 말하면 된다. 그림을 통해 아이와 마음을 나누고 싶다면 "여자아이는 누구일까? 맑은 하늘에 둥실 떠다니는 구름의 기분은 어떨까?" 등 질문을 덧붙여보자. 사진을 찍듯이 보이는 대로 묘사하다 보면 말하는 사람의 감정 개입이 덜 일어나 평가가 줄어들어 좀 더 편안히 대화에 임할 수 있다.

비교 칭찬도 격려로 바꿀 수 있다. 비교 대상을 바꾸면 된다. 타인이 아니라 아이 자신의 과거와 현재, 어제와 오늘을 두고 이야기하면 성장과 변화에 대한 격려가 된다. 예를 들면 "어제보다 오늘 줄넘기를 10번 더 많이 했네"라고 하는 것이다. 그러면 자기의 성장을 내부에서 확인하며 기쁨을 느끼고 노력하면 된다는 의욕을 가지게 된다. 또한 형제를 비교 격려할 때는 형제 둘 다 각자 노력하는 점 등 장점에 대해 격려를 해주면 된다. 예를 들면 형은 과학 분야의 책을 읽고 동생은 소설 분야의 책을 읽었으면 둘 다 책을 읽으니 좋다고 하는 것이다.

보상 칭찬은 아이의 행동에 대해 물질이나 권력으로 인정해 주는 것이지만 격려는 노력을 인정해 주고 스스로 결과를 인정하는 것이 보상인 셈이다. 칭찬이 아니라 격려는 아이가 스스로 의욕 스위치를 켜는 데 필요한 에너지다.

무심코 내뱉은 한숨이 자존감을 꺾는다

자존감 높은 아이는 쓰러지지 않는다

아이의 앞날에 행복하고 좋은 일만 일어나기를 바라는 것이 부모 마음이지만 우리가 살아보니 인생이란 그렇지 않다는 것을 알기에 마음을 강하게 키우는 일이 필요하다. 마음을 키우면 어렵고 힘든 일이 닥쳐와도 견디고 이겨나갈 수 있다. 자신을 있는 그대로 가치 있게 생각하는 것을 자존감이라고 부른다. 자존감이 낮은 아이는 자신을 너무 나약하고 작게 여겨 작은 일에도 쓰러지지만 자존감이 높은 아이는 자신이 가치 있는 사람이라고 생각하기 때문에 크게 쓰러져도 다시 일어날 수 있다.

현재 자녀교육은 마음을 키우는 일보다 머리에 지식을 넣는 일에 시간과 노력을 더 많이 쏟는다. 아이가 살아가는 데는 지식도 필요하지만 마음을 먼저 키운다면 지금 한국 사회가 겪고 있는 청소년 문제가 어느 정도 해결되리라 예상한다. 이 책을 읽는 부모만이라도 지식을 위한 공부에 들일 시간과 노력을 반으로 뚝 떼어내어 마음을 키우는 데 투자하기 바란다.

자존감을 높이는 방법을 알아보기 위해 아이의 자존감을 낮추는 말과 높이는 말을 찾아보자. 앞서 말했듯이 좋은 것을 더하는 것보다 나쁜 것을 빼는 것이 먼저다. 부모가 무심코 내뱉는 한숨과 무뚝뚝한 표정에 더불어 다음 표현들은 아이의 마음을 작아지게 한다.

- "할 수 있겠니?"
- "조심해야지."
- "양보해."
- "울지 마."
- "다른 사람이 어떻게 생각하겠니?"

도전 정신을 빼앗는 말

"할 수 있겠니?"라는 말은 어떤 의도를 담고 있을까. 부모는 아이가 실패를 경험하지 않게 하기 위한 예방 차원에서 이런 질문을 던진다. 아이가 할 수 있을 것 같은 일은 하도록 하고, 할 수 없을 것 같은 일은 부모가 대신 해주겠다는 뜻이다. 다시 말해 도전하지 말라는 의미가 담겨 있다.

자존감이 높은 아이는 자신이 할 수 있을지 없을지를 따지지 않고 도전하며 실패를 두려워하지 않는다. 할 수 있을지 없을지를 묻기보다는 해보고 싶은지 해보고 싶지 않은지를 물으면 좋겠다.

조언을 하려거든 구체적으로

아이가 무엇을 시작할 때 안전하게 하라는 의미에서 "조심해"라는 말은 종종 한다. 그러나 이 말은 오히려 아이를 불안하게 만든다. 아이들은 아무리 조심해도 실수가 따르기 마련인데 조심하라는 한마디를 듣는 순간 '실수하면 안 되는구나'라고 떠올리게 한다. 새로운 시도를 할 때 부모 손을 끌어당겨서 먼저 해보라고 하는 아이는 조심성이 강한 아이다. 조심성이 강하다는 것은 실수를 두려워한다는 말이기도 하다.

정말 안전을 위해 노력하라고 조언하려면 더 구체적으로 말해야 한다. 물이든 컵을 들고 있는 아이에게 "조심해"라는 말보다는 "컵이 흔들리면 물이 흘러넘치니까 조심해"가 적절하다. 부모는 아이의 행동 뒤에 일어날 상황을 추론하여 조심하라고 하지만 아이는 현재 눈에 보이는 것만 파악하기 때문에 구체적으로 이야기해 주어야 발생할 수 있는 문제를 상상하고 대비할 수 있다.

아이가 실수했을 때 "조심해야지. 조심하라고 했잖아"라고 핀잔을 주어서도 안 된다. 아이를 탓하는 느낌을 주기 때문에 아이 마음에 억울한 감정이 차곡차곡 쌓이게 되고 이는 동생을 괴롭히는 등 엉뚱한 곳에서 힘을 과시하는 방식으로 터져 나올 수 있어 위험하다.

슬퍼서 우는 것과 무언가를 바라고 우는 것

아이가 취할 수 있는 첫 의사소통 수단은 울음이다. 신생아가 울음으로 의사를 표현하면 사랑스럽게 생각하며 즉각 반응을 보여주지만, 아이가 조금만 크면 우는 아이의 입을 막아버린다. 울면서 이야기하는 것은 나쁜 일이라도 되는 듯이 울지 말고 하고 징징거리지 말라고 한다.

부모는 아이의 웃음소리로 에너지를 보충하지만 울음에는 에너지를 뺏긴다. 이런 이유로 부모는 우는 아이를 나무란다. 해마다 들리는 노래 〈울면 안 돼〉의 영향일지도 모른다. 나는 어른들이 아이에게 이 노래를 들려주지 않았으면 좋겠다.

실컷 울고 나면 감정이 풀리는 경험을 해본 적 있을 것이다. 울음은 마음이 나약하게 만드는 도구가 아니다. 다양한 감정 중 하나인 슬픔은 때로 울어야 해소되기도 한다. 실제로 눈물은 감정 흥분으로 인해 생긴 스트레스성 화학 물질을 없애주는 역할을 한다는 점이 과학자들에 의해 증명됐다.

어느 유치원에서 아이가 울기 시작했다. 선생님은 우는 아이에게 이유를 물었는데 아이는 답지 않았다. 그래서 선생님은 실컷 울어도 괜찮으니 울고 나서 선생님의 도움이 필요하면 이야기하라고 했다. 아이는 한참을 울다가 그치고 귀가했다. 선생님이 아이의 감정에 잘 대처한 경우로, 울고 싶은 마음을 알아주었고 언제라도 필요하면 돕겠다고 해주었다.

조금 더 신경 쓰면 좋았을 부분은 우는 아이에게 이유를 물어보기보다 울고 있는 마음을 안아주었더라면 하는 점이다. 어른들이 아이에게 우는 이유를 물어보는 까닭은 원인을 해결해 줘 울음을 그치게 하기 위한 목적이다. 그러나 우는 데는 아이만의 이유가 있듯이 그치는 데도 아이만의 감정이 정리되어야 한다.

그런데 유치원에서 아이가 울었다는 이야기를 들은 엄마가 유치원에 전화해 항의했다고 한다. 우는 아이를 울게 두었기 때문이다. 우는 아이는 나쁜 아이고, 울도록 방치한 교사는 나쁜 교사라고 한다. 울고 웃는 것은 자연스러운 감정 활동인데 밖으로 흘러나오는 눈물을 막으면 곧 안으로 흘러넘치게 된다. 흘려보내야 할 것은 흘려보내야 하는 법이다.

아이가 울면 “울지 마. 왜 우니?”라고 물을 것이 아니라 포근히 안아주어야 한다. 그리고 무슨 일인지 물어봐 주어야 한다. 자존감 높은 아이는 울음을 떼쓰는 도구로 사용하지 않고 감정 표현의 수단으로 사용한다. 그런데 “뚝”이라는 말은 울음을 달래기 위한 말로 사용되지만 아이에게는 감정을 회피하라는 소리가 된다. 웃을 때는 “웃지 마. 뚝!”이라고 하지 않으면서 울 때는 바로 그치게 하려고 노력한다.

아이의 우는 행동에는 여러 이유가 있겠지만 슬퍼서 우는 것과 무언가를 요구하기 위해 우는 것 그리고 권력을 빌리기 위해 우는 것을 구분하여 반응해 주어야 한다. 슬퍼서 울 때는 그 마음에 공감하면서 말없이 다독여주고 울고 나면 슬픔이 사라지기도 한다는 점을 이야기해 주면 된다. 무언가를 요구하기 위해 울 때의 대처는 조금 다르다. 무엇을 원할 때는 원하는 바를 말로 표현해야 들어줄 수 있다는 사실을 알려주어야 한다. 그리고 엄마는 아이가 울음을 그칠 때까지 본인 할 일을 하면서 기다리면 된다. 아이가 권력을 빌리기 위해 울 때는 도움을 요청하는 말을 사용하도록 알려주어야 한다. 아이가 엄마를 힐끔힐끔 보면서 울고 있다면 엄마가 권력으로 문제를 해결해 주기 바라는 것이다. “엄마 도움이 필요하면 '도와주세요'라고 말하렴"이라고 알려주자.

착하다는 표현이 거짓 자아를 만든다

우리는 아이에게 착하다는 표현을 자주 사용한다. 부모 말을 잘 들었을 때, 형제지간에 양보했을 때, 얌전할 때 주로 착하다는 말을 한다. 마음씨가 곱고 상냥하다는 의미겠지만 이는 주관적이므로 애매모호한 면이 있다.

자기중심적 발달 과정에 있는 아이에게 양보는 포기를 의미하며, 오감을 이용하여 세상을 배우는 아이에게 얌전히 있으라는 말은 배우지 말라는 뜻이 된다. 아이가 가진 본능적 욕구를 착하다는 말로 통제하면 억압이 되어 스트레스가 생긴다. 본능적 욕구가 충족되어야 조절력이 생긴다. 부모의 무분별한 착하다는 말은 거짓 자아를 만들어낸다. 아이는 보이는 곳에서 착한 척을 하다가 보이지 않는 곳에서 억압된 마음을 잘못된 방법으로 표출할 것이다. 눌려 있던 감정이 한꺼번에 폭발하게 되면 댐의 둑이 무너지듯 복구하기 어렵게 된다.

아이의 행동을 구체적으로 설명해 주면 아이는 자기의 어떤 행동이 긍정적인지 알 수 있고, 긍정적인 자기 행동에 스스로 만족감을 느껴 내재적 동기가 강화된다. 이 내재적 동기는 아이가 긍정적인 행동을 유지할 수 있게 한다. 인본주의 심리학에서는 인간이 자율적이고 성장 지향적인 존재이므로 내재적 동기는 인간행동을 유발하고 유지하는 데 있어 핵심적인 심리적 원천이라고 설명한다. 언뜻 어려운 말처럼 들리지만 실천은 어렵지 않다. 아이가 동생에게 자전거를 한 번 타도록 비켜줬을 때는 "착하네"라고 하지 말고 "동생에게 자전거를 한 번 양보했구나"라고 하면 된다. 아이의 행동을 착하다는 말 속에 숨기지 말고 보이는 대로 묘사해 주는 아주 쉬운 대화법이다.

두 손 가득 움켜쥐고도 양보하지 않는 아이

형제가 있는 가정에서 양보는 우애의 미덕이며 아주 중요한 덕목으로 여겨진다. 친구가 집에 놀러 왔을 때 장난감을 양보하면 넉넉한 마음을 가진 아이라고 부른다. 어린아이가 다른 사람에게 무엇을 준다면 자기 두 손에 꼭 쥐고도 남은 것이 있다는 뜻이다. 두 손 가득 쥐고 있어도 주지 않고 다리 사이로 밀어 넣는 아이도 있다. 욕심쟁이라서가 아니라 아이가 정상적으로 자라고 있기 때문이다. 아이 입장에서 양보는 빼앗기는 일이다. 여러 번 빼앗기다 보면 아이 마음은 점점 작아지고 날카로워진다. 두 손에 움켜쥐는 시기를 거쳐야 초등학교 입학을 전후로 양보라는 것을 알게 된다.

어릴 때는 양보하라는 말을 하지 않는 것이 좋다. “빌려주자” “한 번 만지게 해주자” “한 번만 가지고 놀다가 달라고 하자” 등으로 소유자는 여전히 아이지만 잠깐 허락해 주는 것이라는 메시지를 담는 것이 좋다. 이마저도 아이가 싫다고 하면 그 마음을 인정해 주어야 한다. “안 빌려주면 다음부터 친구 못 오게 한다”라거나 “친구가 다음에 너한테 장난감 안 빌려준대. 욕심쟁이야”라며 설득하는 것은 아이의 발달을 무시하는 협박이다. 양보, 배려, 이해의 덕목은 아이들의 발달을 고려하여 가르쳐야 한다. 자기중심적 발달 단계에 있을 때 부모에게 양보와 배려를 받은 아이라면 나중에 적절한 시기가 왔을 때 자기 것을 타인과 나눌 수 있다. 너무 어린 아이에게 양보하라는 가르침은 마음을 찌르는 바늘과 같다.

말보다 무서운 한숨

언어적 표현뿐만 아니라 비언어적 표현으로도 아이 마음이 작아질 수 있다. 아이에게 화내지 않으려다 보니 대신 한숨을 쉬거나 입을 닫아버려 무뚝뚝하게 굳은 표정을 보이기도 한다. 한숨 쉬는 부모는 화내는 부모만큼이나 무서운 부모다. 아이의 행동에 따라붙는 한숨 소리는 “너는 한심한 아이야”라는 메시지를 남기고 무뚝뚝하게 굳은 표정은 "화낼 가치조차 없는 아이구나"라는 느낌을 전한다.

물론 부모는 그런 뜻이 아니었겠지만 아이는 마음에 상처를 입는다. 발달심리학자 장 피아제Jean Piaget에 의하면 아이들의 사고는 '전부 아니면 전무'라는 양극적인 특성을 보인다고 한다. 사랑하는 것과 사랑하지 않는 것 사이에는 여러 단계가 놓여있지만, 아이들에게는 그 중간이 존재하지 않는다. 부모의 한숨 소리가 중간 영역을 뜻한다는 것을 인지하지 못한다는 말이다. 자신을 한심하고 가치 없다고 느낀 아이는 자존감이 부족한 사람으로 성장하게 된다.

말가시를 뱉는 것보다 침묵이 더 좋은 훈육 수단일 수 있지만 침묵과 무뚝뚝한 표정은 다르다. 부모가 자신의 입을 단속하고 말을 관리하기 위해서 침묵하고 싶다면 아이에게 묵언수행 중이라는 사실을 공지해야 한다. "엄마가 말을 줄이고 아껴서 마음과 생각을 키우는 중이야"라고 하는 것이다. 굳은 표정으로 아무 말도 하지 않으면 아이를 무시하는 처사가 된다. 무시를 자주 받고 자란 아이는 피해의식에 휩싸이기 쉽다.

좋은 환경에서만 아이를 키우고 싶은 부모의 마음은 아이를 나약하게 만든다. 온실 속 화초보다 넓은 들에서 자란 야생초가 더 생명력이 강하듯 아이도 그렇게 키워야 한다. 아이를 위험에 내몰라는 것이 아니다. 자존감을 길러주라는 말이다. 마음 그릇이 큰 아이는 행복하다. 행복은 부모가 만들어주는 것이 아니라 각자의 마음이 만드는 결과다. 부모는 아이 마음에 자존감 높이는 말을 씨앗처럼 뿌려주는 사람이어야 한다.

'망태 할아버지'에서 '경찰 아저씨'로 이어지는 협박

행동중심교육을 하는 나라

대한민국은 행동중심교육을 하는 나라다. 예의 바르게 행동하는 아이로 키우기 위해 행동중심교육을 하고 있다. 그런데 행동은 마음을 표현하는 수단 중 하나다. 행동을 바꾸려면 마음을 움직여야 한다. 행동은 마음의 그림자라서 마음을 따라다닌다. 핵심은 행동이 아니라 마음이다. 아이를 키우면서 자주 접하게 되는 몇 가지 상황이 있다. 이때 어떻게 훈육해야 아이가 변하게 될지 이야기해 보자.

아이들끼리 놀던 중 깨무는 문제가 생기기도 한다. 우리 아이가 물려도 속상하지만 물어도 난처하다. 아이들은 왜 깨물까? 마음대로 안 되기 때문이다. 그러니 깨무는 아이에게 "깨물면 친구가 아프잖아"라고 백번 설명해도 큰 효과를 보지 못한다.

깨무는 행동은 특히 어린이집에서 많이 보인다. 어린이집에서 아이가 친구에게 물리면 지도 교사는 학부모 앞에서 죄인 아닌 죄인이 된다. 그래서 깨무는 행동을 제거하고자 하는 마음이 클 수밖에 없고 빠르게 교정하고 싶은 마음에 따끔히 훈육하는 경우가 많다.

하지만 이런 문제는 공감으로 가르치는 것이 더 효과적이다. 깨무는 행동을 한 아이에게 "네 마음이 불편했구나. 마음아, 마음아, 호 해줄게"라며 '호' 하고 입김을 불어주자. 공감한다는 표현을 몇 번 반복하면 행동이 바뀐다. "깨물면 선생님이 '이놈!' 할 거야"라거나 "깨물었으니 미안하다고 사과해"라고 하기보다는 물린 아이에게 약을 발라줄 때 함께 참여하도록 하는 것이 더 미안한 감정을 불러일으킨다. 약을 발라줄 때는 약을 부모나 교사 같은 보호자의 손에 묻히고 아이는 그 손 위에 자기 손을 얹은 정도로만 형식을 갖춰도 아이가 약을 발라준 것이나 마찬가지라고 할 수 있다.

속도가 느려 답답한 아이

부모가 아이 속도에 맞추어야 할까, 아이가 부모 속도에 맞추어야 할까. 다 알면서 아이를 부모 속도에 맞추어 끌고 다닌다. 아이가 따라오지 못할 때는 이런 말을 자주 한다.

"빨리빨리!"

"놓고 갈 거야. 혼자 여기 있어."

부모는 '너 혼자 있기 싫으면 빨리 행동해'라는 의미로 말했겠지만 아이는 버려진다는 불안과 공포로 받아들인다. 진짜 버려진 적은 없지만 말로는 늘 버림받은 아이 마음은 가뭄이 든 땅처럼 갈라져 고집이 세지고 떼가 늘어난다. 놓고 간다는 말에 별 반응이 없는 아이도 있는데 이런 아이는 혼자 놓인다는 말의 의미를 모르거나 '우리 엄마는 마음이 약해서 다시 돌아올 거야'라고 생각하는 아이다.

"빨리해"라는 말은 아동 발달을 거스르는 요구로 아이를 조급하게 하거나 무기력하게 만든다. 아이들은 빨리 행동할 수 없는 발달 시기에 놓여 있다. 빠르게 움직여야겠다는 판단은 시간 개념이 잡힌 다음에 가능한 일이다. 개인차가 있지만, 시간 개념이 완전히 형성되는 시기는 초등학교 3학년 전후다.

그런데 '빨리빨리'라는 말은 자녀가 영유아기에 속할 때 가장 많이 사용한다. 이 또래 아이들은 시간 개념이 없지만 부모 마음을 표정과 말투에서 알아차린다. 몸을 빨리빨리 움직이지는 못하고 어떻게 해야 하는지도 모르지만 마음은 조급해지니 '빨리빨리' 하라는 요구에 너무 자주 노출되면 무기력해지기도 한다.

아이가 어릴 때는 아이 행동에 부모가 속도를 맞추다가 아이가 자라면서부터 서로 맞추기 시작하면 된다. 서로 맞추는 방법은 다음과 같다. 아이와 놀이터에서 집으로 들어오는 상황을 떠올려보자. 대부분의 엄마는 집에 들어가야 할 시간이 되면 놀이를 멈추게 하고 아이를 끌며 들어간다. 언제나 놀고 싶은 아이들은 당연히 얼굴을 찌푸리고 엄마와 실랑이를 벌인다. 6시까지 놀기로 서로 정해 놓았으면 놀이터로 가기 전에 6시까지만 놀아야 한다는 것을 알려준다. 5시 30분이 되면 놀이가 끝나기 30분 남았다는 사실을 한 번 더 상기시켜 주면 좋다. 그리고 10분 전에 마무리하라는 신호를 보내고 6시가 되면 약속 시간이 되었다고 알려준다.

약속 시간을 지켜 외출해야 할 때도 비슷한데, 아이에게 미리 놀이를 정리할 수 있는 여유를 주어야 한다. 나가야 하니 "빨리 준비해"라고 하지 말고 몇 분 후에 나가야 하니 준비하라는 신호를 보내자.

놓고 간다는 협박보다 아이 마음을 더 고통스럽게 하는 말이 있다. "네가 말 안 들으면 엄마가 아파"라거나 "엄마 못살아. 엄마 사라질 거야"라는 위협이다. 부모 속도에 아이가 따라오지 못하거나 부모의 기준 밖의 행동을 할 때 아이가 말을 잘 듣고 따르기를 바라는 마음으로 하는 말이다. 아이들은 일부러 엄마 말을 듣지 않는 것이 아니다. 엄마 말이 머릿속에 잘 들어오지 않거나 잘 이해되지 않는다. 아이는 무엇을 잘못했는지 모르는데 자기가 한 행동이 엄마를 사라지게 하고 아프게 한다니. 이 말에 아이는 마음에 항상 죄책감을 품게 된다. 엄마가 감기로 기침만 해도 자기가 엄마를 아프게 했다고 생각한다. 엄마가 사라질지 모른다는 걱정을 늘 가지고 있기 때문에 엄마가 눈에 보이지 않으면 불안해한다. 그러니 이런 표현은 절대 사용하지 않도록 하자.

"말 잘 들어"는 불가능한 미션

아이는 "말 잘 들어"라는 말을 실천하기가 무척 어렵다. 얼마나 어려운가 하면 부모에게 "부모 노릇 잘해"라는 말만큼이나 어렵다. 우리는 이미 부모 노릇을 하고 있지만 잘하는 것이 어떻게 해야 하는 것인지 구체적으로 모른다. 아이도 마찬가지다. 말 잘 들으라고 하지만 어떻게 하는 것이 그렇게 하는 것인지는 모른다.

얌전히 말썽 피우지 않기를 바랄 때 "엄마 말 잘 들어"라고 하지 말고 조금 더 구체적으로 '말을 잘 듣는다는 것'에 대한 설명을 상황에 맞게 하자. 만약 돌잔치나 결혼식처럼 사람이 많은 장소에 갔다면 "엄마 말 잘 들어야 해"라고 하지 말고 "사람이 많은 곳이라 잃어버릴 수 있으니 엄마 손 꼭 잡고 다니자"라거나 "음식을 들고 다니는 사람과 부딪히면 다치게 되니 뛰지 않고 걸어 다녀야 해"라고 말해주어야 한다.

경찰 아저씨와 망태 할아버지

한 엄마는 여섯 살 난 아이가 집에서 뛰기만 하면 "경찰 아저씨가 잡아간다"고 말한다. 아이가 아파트에서 뛰면 소음 문제로 이웃 간 싸움이 일어날 수 있다. 처음에는 아이에게 얌전히 걸어 다녀야 하는 이유를 설명해 보지만, 아이들은 이유 불문하고 뛰어다니도록 자동 설정되어 있다. 소리를 버럭 지르고 무섭게 혼내도 말을 안 들으니 결국 경찰 아저씨를 들먹이게 된다. 아이는 경찰이 무슨 일을 하는 사람인지 잘 모르지만 어쨌든 협박은 통한다.

나도 유치원 교사 초년 시절 아이들에게 "말 안 들으면 망태 할아버지 불러온다"는 소리를 철없이 한 적 있다. 일시적으로 행동을 멈추는 데는 아주 효과적인 말이다. 하지만 근본을 바꾸지는 못한다. 아이에게 죄책감만 주는 협박이다.

다시 아파트에서 뛰는 아이 사례로 되돌아가 보자. 뜀박질은 아이의 본능이니 그냥 두어야 한다. 다 큰 아이는 집에서 뛰어다니지 않는다. 나가서 좀 뛰라고 해도 힘들다고 걸어 다닌다. 어릴 때는 뛰는 활동이 즐거운 놀이지만 초등학교 고학년부터는 노동이다.

그러니 어린 시절에는 뛰지 못하게 하는 것이 아니라 뛰는 장소를 구분하게 해주어야 한다. 놀이터나 운동장에서는 뛰어도 되고 집에서는 걸어 다녀야 한다는 구분을 지어주고 밖에서 매일 뛰어놀도록 하면 집에서는 걸음을 통제할 수 있다. 이 정도 구분이 어려울 정도로 어린 아이라면 집에서 뛸 수 있는 공간을 마련해 주자. 흔히 '방방' '퐁퐁' 등으로 부르는 미니 트램펄린을 구매해도 좋다. 집 안에서 뛰어도 되는 곳과 걸어야 하는 곳을 구분하여 알려주면 해야 할 것과 하지 말아야 할 것을 구분하게 된다.

폭력과 복수를 가르치는 말, "때찌!"

연령이 어릴수록 수시로 잘 넘어진다. 아이가 넘어지면 울게 되고 울음을 달래기 위해 "누가 그랬어? 때찌!"라며 주변에 있는 사물을 혼내는 흉내를 낸다. 아이가 넘어지게 한 것이 마치 주변 사물인 의자나 돌이나 땅바닥인 것처럼 사물을 때리며 혼내는 시늉을 한다.

하지만 이는 공격성과 폭력성을 기르는 표현이다. 아이가 식탁

모서리에 부딪혀 울고 있다면 이는 아이가 식탁을 인식하지 못한 것이지 식탁이 걸어와서 때린 것이 아니다. 그런데 "누가 그랬어?"라며 식탁을 때리는 시늉을 한다. '이건 네 잘못이 아니고 식탁의 잘못이야'라고 책임을 넘기는 말이 되니 어떤 문제가 생겼을 때 어떻게 해결해야 할까 고민하지 않고 남부터 탓하는 아이로 자라게 한다.

"누가 그랬어"라는 말 뒤에 따라붙는 "때찌!"도 위험하다. 불편하게 하면 때려도 된다는 가르침이기 때문이다. 비슷한 예로 "너도 한번 맞아 봐"가 있다. 아이의 공격적 행동을 고치려는 의도인데, 아이가 친구를 때리면 맞은 사람이 얼마나 아픈지 느껴보도록 하기 위해 똑같이 때려준다. 하지만 아이는 빨라도 초등학교에 갈 무렵에서나 자기중심적 사고에서 점차 벗어나 '내가 아픈 것처럼 다른 사람도 아프겠구나'라는 생각을 할 수 있다. 이보다 어릴 때 "너도 맞아 봐"라며 때리면 교훈은 얻지 못하고 아픔만 경험한다. "너도 한번 맞아 봐"로 똑같은 아픔을 겪어보라고 가르치는 것은 복수를 가르치는 것이다.

육아 스트레스를 아이에게 전가하다?

"네가 동생을 잘 돌봐야지"라는 말은 아이에게 육아 스트레스를 주는 표현이다. 엄마라면 육아 스트레스가 얼마나 무서운지 잘 알 것이다. 아이를 잘 키워야 한다는 생각만으로도 부담인데 매일 옆에서 누군가 더 잘하라고 거들면 폭발할 지경에 이른다. 만약 남편이 "왜 이렇게 애를 못 키워"라고 핀잔이라도 줬다가는 "엄마 자리에 사표 쓸 테니 당신이 애 봐!"라는 고성이 튀어나올지 모른다.

동생을 잘 돌보라는 말은 아이에게 이런 육아 스트레스를 넘기는 꼴이다. 동생을 잘 챙기지 못한 죄로 혼이라도 났다가는 아이도 형 노릇에 사표 쓰고 싶을 것이다. 동생도 밉고 부모도 미워진다. 동생만 없으면 혼날 일도 없고 신나게 놀 수 있으니 동생이 사라지기를 바라게 된다.

동생에게도 "형 말을 잘 들어"라는 소리는 스트레스다. 형이라고 해봤자 아직 어리기 때문에 형의 말에는 도덕적 기준이나 공평한 판단이 부족하다. 그러니 동생은 늘 불만이다. 자기도 형으로 태어나서 마음대로 하고 싶다는 생각을 가지게 되고 형이 싫어진다. 부모는 형만 좋아한다는 오해도 생긴다. 부모는 나름 우애를 키우기 위해서 한 말인데 실제로는 형제 사이를 끊어놓게 된다. 형이나 동생이나 모두 어린아이이니 형에게는 형으로서 어려운 점을, 동생에게는 동생으로서 어려운 점을 듣고 이해해 주어야 한다. 그럼 아이들도 서로를 이해하게 된다.

혼내야 한다면 즉시 혼내라

"또 그러면 혼난다"라는 말은 다음에 조심하라 뜻으로 일러두는 소리다. 이번 한 번은 용서해 주겠다는 의미도 포함되어 있다. 하지만 이는 아이에게 회피를 가르치는 결과를 낳는다. 당장 혼나야 할 일을 미루는 표현이기 때문이다.

단언하건대, 한 번 저지른 잘못을 두 번 반복하지 않는 아이는 없다. 아이는 원래 잘못을 하면서 자란다. 그러니 "또 그러면 혼나" "아빠 오시면 혼내라고 할 거야" 같은 말로 잘못이 줄어들지는 않는다. 지금 일어난 문제를 나중으로 넘기는 말이기도 하고, 아이는 아빠가 오실 때까지 불안에 떨며 도전을 두려워하게 된다.

꼭 혼내야 할 일은 그 자리에서 바로 혼내자. 만약 아이가 잘못을 했지만 혼내고 싶지는 않다면 다음에 같은 일이 벌어졌을 때 어떻게 해야 할지 함께 생각해 보는 것으로 상황을 마무리하자. 다음번에 대해 엄마와 고민해 보는 경험을 통해 아이는 문제 해결 능력을 기를 수 있다.

아이를 걱정 덩어리로 만들 것인가

부모는 아이를 매일 걱정한다. 밥을 먹지 않아도 걱정, 너무 많이 먹어도 걱정이다. 키가 작아도 걱정, 너무 커도 걱정한다. 모든 부모가 바라는 대로 아이가 '적당히' 자라준다면 근심이 싹 사라질까. 글쎄다. 걱정이 많은 부모는 하지 않아도 될 고민을 만들어서라도 걱정한다.

부모가 아이 앞에서 하는 걱정의 말은 아이를 걱정투성이로 자라게 한다. 말의 힘에 대해서는 다양한 분야의 전문가들이 여러 면으로 밝혀내고 있어 말의 중요성을 인식하고 있는 부모들이 점점 많아지고 있다. 나는 유아교육을 전공하면서부터 말의 힘에 대해 관심을 가지고 꾸준히 공부하고 실천하면서 자연스럽게 말의 힘을 임상하며 살고 있다. 부모로서 부모가 뿌리는 말씨가 자녀의 마음 밭에서 어떻게 자라게 될지 신중하지 않을 수 없다.

말이 씨가 된다는 속담처럼 "키가 안 커서 걱정이야"라는 이야기를 듣는 아이는 정말 더디게 큰다는 연구가 있다. 뇌과학자들이 밝혀낸 바에 따르면 우리의 몸과 마음이 서로 연결되어 있어 스트레스를 받으면 신체기능이 저하된다고 한다. '키가 안 커서 걱정이야'라는 말과 같이 부정적인 생각이 지속될 때 신체는 스트레스 호르몬인 코티솔을 과도하게 분비하게 되는데 이로 인해 면역력이 약해지고 만성적인 피로와 수면부족, 소화 장애등의 신체질환이 발생한다. 이와 같은 신체질환은 키 성장을 방해하는 요인이다. 키를 키우기 위해서 밥을 많이 먹어야 한다거나 잠을 잘 자야 한다며 노력하는 말도 결국 걱정거리만 더하는 셈이다. 신경

쓴다고 해결될 문제가 아니라는 점을 알면서 왜 걱정이라고 표현하는지 이해되지 않을 때가 있다. 걱정은 사람 마음을 작게 만들고 불안하게 만든다.

부모가 아이의 몸보다 마음을 먼저 키우려고 한다면 아이에게 키는 더 이상 걱정거리가 되지 못한다. 키는 아이가 마음대로 줄이고 늘릴 수 있는 일이 아니다. 그러니 키가 크면 좋은 점과 불편한 점, 키가 작으면 좋은 점과 불편한 점을 알아보고 사람에게 중요한 것은 외모가 아니라 마음이라고 이야기해 주는 것이 낫다. 얼굴보다는 마음이 예뻐야 하고 키보다는 마음이 커야 한다. 세상에서 제일 예쁜 사람은 심상이 예쁜 사람이고 세상에서 제일 큰 사람은 심력이 큰 사람이다.

세상만사를 힘들게 만드는 표현

살아보니 힘들지 않은 일은 없었다. 세상에서 가장 편안한 곳은 무덤이라는 우스갯소리도 있다. 삶이라는 힘겨운 여행을 어떤 마음으로 떠나느냐에 따라 행복과 불행이 나누어진다.

부모는 대게 자녀가 즐겁게 공부하기를 바라지만 이와 달리 아이는 지겹게 공부하고 있다. 여기에는 부모가 습관처럼 내뱉는 "힘들다"는 말의 영향도 있다. 공부는 물론 힘들지만 어떤 자세로 하느냐에 따라 다른 결과를 가져올 수 있는데 "아빠가 회사에서 일하려면 얼마나 힘드신 줄 아니?"라거나 "어휴, 자식 키우기 참 힘들다"는 말에 자주 노출되면 아이도 본인이 해야 할 공부에 피로를 느낀다.

힘들게 공부하고 힘들게 회사 다니고 힘들게 살아야 한다는 말은 아이에게 희망을 주지 않는다. 삶이 그렇게 힘든 일이라니 살고 싶은 마음이 사라져버린다. 학교 다녀온 아이를 위로한다며 "힘들지? 고생했어"라고 하면 아이에게 '내가 지금 힘들게 고생하고 있구나'라는 생각을 확인시키는 말이 된다.

힘들다는 표현과 어렵다는 표현은 구분해 사용하면 좋겠다. 모든 일에는 어려움과 쉬움이 있지만 어려운 것을 자꾸 해봐야 쉬워진다는 진실을 부모가 알려주면 된다. 스스로 극복하고 이겨나가는 모습이 대견스럽다고, 엄마가 늘 곁에 있으니 필요하면 언제라도 도움을 요청하라고 말하는 것이 진정한 위로다.

아이를 위해서 한 말이 사실은 아이에게 부정적 영향을 끼치고 있을 때가 많다. 아이를 바꾸기 위해서는 아이의 마음과 먼저 대화해야 한다. 마음이 바뀌면 태도와 행동이 바뀐다.

3장

말 그릇에 어떤 마음을 담아 먹일까?

존중: 아무리 어려도 하나의 독립된 인격체

말에 담긴 인격

부모는 아이의 언어 발달에 각별한 관심을 가지고 있다. 영아기 때는 말하기, 유아기 때는 한글 떼기, 학령기 때는 외국어에 많은 열정과 사교육비를 들인다. 언어학자 노암 촘스키Noam Chomsky는 "아이들은 선천적으로 언어 습득 장치를 가지고 태어났으며 언어 습득 능력은 0~13세에 가장 활발하게 작동한다"라고 했다. 모든 교과의 기본이 되는 언어 능력이 13세까지 제일 빠르게 움직인다는 말은 부모로 하여금 조기 언어 교육으로 관심을 돌리게 하는 충분한 자극이 된다.

그런데 우리는 아이가 다른 아이보다 먼저 말문을 트고 한글을 떼고 외국어를 습득하는 것보다 말에 담기는 인격을 가꿀 수 있도록 해야 한다. 나는 내 아이가 원어민처럼 영어는 잘하지만 사람의 마음에 상처를 주는 말을 하는 사람이기보다는 영어를 좀 못해도 용기와 힘을 주는 말을 할 수 있는 사람이기를 바란다. 언어 습득 능력이 활발하게 움직이는 시기를 놓치지 않으려는 부모의 마음을 존중하지만 존중의 마음을 담는 '말격'에도 관심을 가져야 한다.

늘 같은 자리에 있는 자연도 계절에 따라 느낌이 다르고 보는 이의 감정 상태에 따라 새롭게 다가온다. 언어도 이와 같아서 똑같은 말이라도 어떤 마음을 담고 하느냐에 따라 차이가 발생한다. "잘한다. 잘해"라는 말은 글자 그대로 해석하자면 참 좋은 뜻이다. 하지만 입을 삐죽이고 한심하다는 표정을 지으며 "잘한다. 잘해"라고 하면 영락없이 비아냥거리는 소리다. 존중을 담아서 "잘하는구나"라고 했다면 자신감을 키우는 격려의 메시지가 되겠지만 말이다.

"네 마음대로 해"도 마찬가지다. 부모에게는 아이가 마음대로 하도록 내버려두면 불안해서 근질거리는 병이 있다. 그런데 가끔씩 "네 마음대로 해"라며 어떤 일을 일시적으로 허락하는 발언을 하기도 한다. 이런 말을 무분별하게 해놓고 어느 날은 "넌 네 마음대로만 하는 이기적인 아이구나"라고 몰아세운다.

아이 마음에 따라 행동하라는 말은 아이를 독립된 인격체로 존중하는 의미의 말이 되어야지, 일시적인 허락을 하는 말이 되어서는 곤란하다. 그러면 아이는 해도 되는 일과 하지 말아야 하는 일의 경계를 부모에게서 찾게 된다. "네 마음대로 해"라는 말을 정말 좋은 의미에서 사용하려면 "네 판단으로 결정하는 일을 믿어줄게"라거나 "네가 선택하렴"이라고 바꾸자. 이처럼 부모는 자녀와 대화를 주고받으며 아이를 향한 존중도 함께 주고받고 있는지 살펴보아야 한다.

제일 무서운 말, "우리 얘기 좀 해"

배우자에게 절대 듣고 싶지 않은 말이 있다고 한다. 심지어 자녀도 부모에게 '이 말'을 절대 듣고 싶지 않다고 털어놓는다. 직장 상사나 부하에게 '이 말'을 들으면 심장이 두근거린다는 사람도 있다. 얼마나 무시무시한 말일까. 답은 "우리 얘기 좀 하자. 할 말 있어"다.

대화를 요청하는 말일 뿐이지만 왠지 싫다. 온 국민이 이 말을 꺼리는 이유는 그다음에 이어질 대화가 존중을 담고 있지 않을 경우가 많았기 때문이다. 특히 부모가 자녀에게 저 말을 꺼냈다면 분명히 훈계가 뒤따르기 마련이다. 아이를 믿지 못하는 자세로 무언가를 캐묻거나 가르침만 주려고 하면 어느 아이도 달갑게 여기지 않을 것이다.

이런 태도를 빼고 마음과 생각을 나누는 대화자로서 존중하는 마음을 더한다면 "우리 얘기 좀 할까?"라는 말을 기다리는 가정이 될 수 있다. 그러려면 부모가 대화하고 싶을 때만 아이를 불쑥 찾지 말고 아이에게 '무엇에 관해 이야기를 나누고 싶은데 언제 대화하면 좋을지'를 먼저 물어야 한다. 장소는 어디를 원하는지도 의견을 구한다면 더 좋겠다. 대화자인 아이도 대화를 바라고 있는지 존중해 주어야 한다.

아이에게 존중을 보여주자

아동 성장 시기에 따라 존중을 담는 말에 대해 구체적으로 예를 들어보자. 신생아기 아이에게 존중을 담은 언어 환경을 제공할 방법은 하나다. 아이의 유일한 의사소통인 울음에 즉각 반응하는 것이다. '울 때 즉각 반응하면 손 탄다' '울어야 목청이 트인다'는 어른들 말씀을 듣고 아이를 방치하면 아이를 불안하게 만들어 더 크고 길게 울도록 한다. 울음에 즉각 반응해 주고 아이와 얼굴을 마주 보며 웃어주는 것이 부모가 아이에게 존중의 언어를 건네는 셈이다.

영아기는 옹알이를 시작으로 말이 급격하게 발달하는 시기다.

옹알이를 할 때 많은 말을 해주고 책을 읽어주는 등 언어가 발달할 환경을 제공해 주어야 습득이 빠르다는 이야기를 듣고 엄마들은 쉴 새 없이 이야기를 한다. 마치 말문 트기가 언어의 전부인 것처럼 말하기에만 집중한다. 엄마가 많은 말을 해주는 것보다는 아이가 옹알이할 때 맞장구를 치며 반응해 주어 더 많은 말을 하게 하는 것이 말문 트는 데 효과적이며 "엄마가 네 말을 잘 듣고 있어"라는 존중을 보여줄 수 있다.

아이가 하나의 단어로 의사를 표현하는 '한 단어 시기'에 접어들어 의자를 가리키며 '이거'라고 하면 부모들은 즉각 반응을 보이며 친절한 엄마가 된다. 의자에 대해 아는 지식을 총동원해 최대한 친절하고 자세하게 설명도 곁들인다. "이거는 의자라고 하는데 의자에 대해서 무엇이 궁금하니?"라고 물어보는 태도는 '네가 의자에 대해 무슨 말을 하고 싶구나'라는 존중을 드러내 준다.

대화는 주고받는 것이다. 말할 기회도 주고 들을 기회도 주는 것이 존중하는 대화의 기본이다. 무조건 많이 들려주는 것이 좋은 언어 환경이라는 생각으로 자꾸 들려주기만 하니 아이는 말할 기회를 잃고 말하는 흥미도 잃는다. 다른 사람 말은 듣지 않고 자기 말만 하는 아이들이 넘쳐난다. 과도한 듣기 언어 자극의 부작용이라 생각한다. 많이 듣는 만큼 많이 말할 기회도 주어야 한다.

아이가 욕을 배워왔다면

유아기 부모에게는 새로운 과제가 주어진다. 말에는 뜻이 있다는 점과 마음이 담긴다는 사실을 알려주며 아이의 말격을 높여야 한다. 의사소통이 가능한 아이를 기르고 있다면 아이가 욕하는 것을 경험해 봤을 수 있다. 아직 한창 말을 배우는 단계에서 비속어를 따라 하는 아이도 있고 일곱 살 이후 은어 사용이 늘어나는 아이도 있다.

논리적으로 말하는 아이가 되기 전에 먼저 말에 인격을 담은 아이로 키워야 한다. '요즘 아이들 말하는 게 다 그렇지'라고 쉽게 넘기지 말고 대처하자. 욕이 나쁜 것이라고 가르치기보다 어떤 마음으로 욕을 썼는지 물어봐 주고 욕이 어떤 의미를 가지고 있는지 아냐고 물어본 후에 진심을 표현하는 적절한 방법을 알려준다. 그리고 욕을 사용하는 아이보다 욕을 사용하지 않기를 스스로 선택하는 아이기를 바라는 부모의 마음을 전해준다. 다음 대화를 살펴보자. 아이가 학교에 다니게 된 후 나눴던 이야기다.

아이 | 변태야.

엄마 | 그 말은 어디서 배웠니?

나쁜 말이라면서 쓰지 말라고 하기보다는 아이가 그 말을 어디서 어떻게 듣게 되었는지 알아본다.

아이 | 친구들이 변태라고 해.

초등학생이 되니 격이 낮은 언어 환경에 노출되는 일이 생기기도 한다.

엄마 | 변태가 무슨 뜻인지 궁금하네.

아이 스스로 의미를 알고 단어를 사용하도록 도와주어야 한다.

아이 | 몰라.

아이가 뜻을 잘 모르는 경우가 더 많다. 욕과 은어가 습관이 되지 않도록 관리해야 한다.

엄마 | 모르는 말을 사용한다고?

이쯤에서 질문을 통해 아이에게 비판 능력을 키워주어야 하는 이유가 있다. 다른 사람이 한 말을 듣기만 하고 무엇이 옳고 그른지를 판단하는 습관이 없으면 줏대 없이 친구 따라 강남 가는 사람이 될 수 있다. 아이가 단어의 뜻을 잘 모르고 있다면 함께 사전을 찾아보는 것도 좋다. 변태라는 말의 뜻을 공부하고 어떤 의미로 사용하는지 이야기를 나눈다.

엄마 | 남자 친구가 여자 화장실을 봐서 불쾌할 때는 어떻게 말하면 좋겠니?

나쁜 단어라고만 알려주고 대화를 끝내면 아이의 언어 습관을 바로 잡을 수 없다. 아이가 같은 상황에서 사용할 수 있는 적당한 표현을 찾아보자.

아이 | '여기는 여자 화장실이야. 보지 마!'라고 해.

아이와 대화해 보니 남자 친구들이 여자 화장실을 보거나 여자 친구들에게 심한 장난을 걸 때 '변태'라는 말을 사용한다고 한다.

엄마 | 엄마는 세상에서 가장 예쁜 우리 딸 예쁜 입에서 향기로운 말이 나오길 바란단다.

아이 | 친구들이 욕을 하는데 가만히 듣고만 있으면 나한테 계속 욕을 쓸 거야. 하지 말라고 해도 자꾸 하면 선생님한테 일러?

아이가 선생님께 이르는 것과 부탁하는 것은 다르다는 점을 알고 있는 상태에서 선생님께 일러도 되냐고 물었다. 참고로 이르는 것은 선생님께 친구가 잘못한 점을 알려 혼내달라는 의미에 가깝지만, 부탁하는 것은 스스로 노력을 해보아도 어려움이 있으니 도움을 청하는 것이다.

엄마 | 앞으로 더 많은 친구를 만나고 더 많은 욕을 듣게 될 수도 있는데 그럴 때마다 선생님께 이를 거니? 스스로 해결할 수 있는 방법을 생각해 보자. 엄마도 좋은 방법이 떠오르면 말해줄게.

당장 해결책을 찾는 것보다 생각해 볼 시간 주는 것도 좋다.

며칠 뒤 아이가 하교하면서 웃음이 활짝 핀 얼굴로 "방법을 찾았어요"라며 이야기를 들려주었다. 나는 아이가 발견한 해결책이 너무 궁금해서 서둘러 물었다.

아이 | 친구가 욕을 했는데 내가 어떻게 했는지 알아?

엄마 | 어떻게 했는데?

아이 | 반사!

욕을 하지 않고 친구가 한 욕을 돌려준다는 의미에서 반사라고 했다는 뜻이다.

아이가 가져온 재치 있는 방법에 크게 웃어주고 격려해 주었다. 아이가 자라고 학교에 가게 되면 나쁜 언어에 자주 노출된다. 부모는 아이의 학교 성적을 관리할 시간을 쪼개 말 관리도 해주어야 한다. 지식을 평가하는 지필 시험이 있듯이 인격과 품격은 말을 통해 평가되는 법이다.

아이에게 어떤 말을 물려줄 것인가

학령기 아이를 둔 부모는 아이가 입장을 바꿔 생각해 보도록 하기 위해 "다른 사람이 너를 어떻게 생각하겠니?"라는 말을 종종 사용한다. 이렇게 다른 사람의 생각을 묻는 것은 아이를 존중하지 않고 다른 사람을 먼저 의식하라고 가르치는 것과 같다. 다른 사람을 의식하는 사람은 자존감이 낮은 사람이다. 우리는 아이를 자의식이 높은 사람으로 키워야 한다.

아이가 다른 사람의 입장을 고려하는 사람이 되기를 바란다면 우선 아이 입장에 서서 공감해 주고 나서 "네가 만약 상대방이라면 넌 어떻겠니?"라고 물어야 한다. 아이 생각을 듣고 나서 부모의 의견을 이야기해 주고 더 나은 방향으로 조율해 나가는 과정에서 하나의 인격체로 존중받는 아이는 자존감을 가지게 된다.

나를 인격적으로 무시해 말이 막히게 하는 상대에게 마음을 열 사람은 없다. 이런 상대와의 인간관계는 끊어버리면 되지만 하필 가족이라면 필연적인 관계라 어찌하지 못하고 병을 앓게 된다. 아이들은 부모가 하는 말을 마음에 차곡차곡 쌓으며 마음결을 다듬고 있다. 부모의 보호로부터 벗어나는 시기가 오면 쌓아두었던 마음을 자기 자신에게, 부모에게, 다른 사람에게, 그리고 훗날 자기 자식에게 꺼내 쓴다. 유산만 상속되는 것이 아니라 말도 상속된다. 부모는 말 그릇에 어떤 말을 담아서 아이에게 먹일지 고민해야 한다.

긍정: 내 아이가 평생 행복해지는 유일한 방법

엄마의 말도 자라야 한다

부모들은 초기 옹알이에 해당하는 아이의 의미 없는 쿠잉cooing 에도 무척 기뻐하고 옹알이가 늘면 '우리 애가 말을 잘하려나' 하는 기대를 품기도 한다. 발음도 정확하지 않은 소리로 '엄마' '아빠'라는 말을 처음 들은 날 느낀 행복은 평생 잊지 못할 순간 중 하나다.

아이의 언어가 연령에 맞게 발달하면 안심이지만 말을 늦게 시작하면 걱정과 불안이 시작된다. 아이의 말이 부모에게 행복을 주는 매개가 되는 셈이다. 아이에게도 부모의 말이 행복을 주는 매개가 되듯이 말이다.

만약 일곱 살 난 아이가 두 살 때 언어를 그대로 사용하고 있다면 부모는 심각한 문제를 느낄 것이다. 아마 그때까지 기다리지 못하고 언어 치료 센터를 찾아 나서지 않을까. 그런데 왜 부모들은 한 살짜리 아이에게 했던 말을 다섯 살짜리 아이에게도, 열 살짜리 아이에게도 하고 있을까. 아이뿐만 아니라 부모도 언어에 발달이 필요하다. 아이에게만 언어를 교육하지 말고 부모도 말을 배워야 한다.

나는 잘하고 있다는 착각

부모의 긍정적 말을 먹고 자라는 아이는 행복하다. EBS <인간의 두 얼굴 Ⅱ>라는 프로그램에서 서울대학교 심리학과 곽금주 교수는 긍정적 착각에 대한 영향을 알아보았다. 긍정적 착각도가 높은 아이들은 삶에서 느끼는 행복도, 자존감, 미래에 대한 희망의 크기가 긍정적 착각도가 낮은 아이에 비해 높았다고 한다. 착각일지라도 긍정성을 가진 아이들이 타인을 배려하고 상황에 유연하게 대처해 성공에 가깝게 다가간다는 뜻이다.

그럼 어떤 아이들이 긍정적 착각을 많이 할까. 실험을 위해 일곱 팀의 아이와 엄마가 1분 동안 게임을 했다. 아이가 눈을 가리고 공을 던지면 맞은편에 있는 엄마가 말로 위치를 설명하며 바구니로 공을 받는 게임이었다. 다섯 팀은 열두 개 이상의 공을, 두

팀은 일곱 개의 공을 넣었다. 공을 많이 넣은 아이와 적게 넣은 아이의 차이는 엄마의 대화에 있었다. 공을 적게 넣은 아이의 엄마는 이런 말을 주로 사용했다.

"아니, 아니, 위로! 반대! 너무 약해. 아래로 하지 말고. 하나도 안 들어가겠다."

한편 공을 많이 넣은 아이의 엄마는 아이가 공을 잘 넣지 못하고 있는데도 이렇게 말했다.

"괜찮아. 아, 잘하네. 오! 잘했어. 그렇지!"

곽금주 교수는 안 된다거나 틀렸다는 말을 하지 않는 것만으로도 긍정성을 키울 수 있다고 전한다. 엄마의 긍정적 말이 아이들에게 '할 수 있다'는 착각을 만들며 긍정적 착각도 행복이라 할 수 있다는 교훈이었다.

아이를 부족한 사람으로 여기지 않기

부모 마음에 아이가 불안하고 부족하고 안쓰러운 존재로 자리하고 있다면 부정적 말을 많이 사용하게 된다. 반대로 대견하고 믿음직스럽고 괜찮은 존재로 자리하고 있다면 긍정적 말을 주로 하게 된다. 즉 아이의 능력을 바라보는 부모 마음에 따라 괜찮은 아이가 되기도 하고 부족한 아이가 되기도 한다. 내 아이는 괜찮은 아이라는 긍정의 씨앗을 생각 속에 심어두어야 하는 이유다.

하루는 하교하는 아이의 손을 잡고 집으로 걷고 있었다. 그런데 아이가 학교에서 혼났다는 이야기를 했다. 같은 반 친구가 자기 잘못을 선생님께 보고해서 그렇게 되었다며 불만을 늘어놓는다. 그 순간 아이의 표정은 굳었을지 모르며 아마 가슴이 콩닥콩닥 뛰었을 것이다. 자기 잘못을 선생님께 전한 친구를 미워하는 마음을 키우고 있었을 수도 있다. 자식이 선생님께 혼났다는 이야기는 부모에게 그리 달가운 소식은 아니고 아이의 잘못한 점을 고쳐야겠다는 걱정부터 앞서지만, 아이의 이야기를 기분 좋게 들어주었다. 부모는 어른이니 부모의 기분보다는 아이의 기분을 먼저 헤아려줄 수 있어야 한다.

엄마 | 오늘 학교에서 무슨 일이 있었는지 듣고 싶은데 말해 줄래?

아이 | 선생님한테 혼났어. 수업 중에 선생님이 말씀하시는데 짝꿍이랑 계속 떠들었다고.

처음에는 친구가 자기 잘못을 선생님께 일러서 혼났다고 자기변명을 했지만 대화를 해보니 수업 시간에 짝꿍과 계속 이야기를 해서 수업에 방해를 주었고 그래서 혼났던 것이었다. 아이는 자기가 잘못한 점보다 친구가 일러서 혼났다는 불만을 늘어놓았다.

엄마 | 웃어주며 엄마도 짝꿍이랑 이야기하다가 선생님께 혼난 적 있었는데…….

아이 | 정말?

긴장했던 마음의 경계를 내리게 된다.

그 뒤 어떤 훈계의 말도 하지 않고, 아이의 행동을 부정적으로 보지도 않았다. 잠시 후 대화를 마저 살펴보자.

아이 | 1학년 때보다는 혼나는 일이 줄었어.

선생님께 혼나는 행동이 잘못이라는 것을 스스로 알고 자기 합리화를 하는 듯 과거와 현재를 비교하며 불쑥 좋아지고 있음을 말한다.

엄마 | 살짝 반가워하며 정말? 횟수를 줄이고 있다니 대견하구나, 우리 딸.

특별히 긍정적으로 말하는 기술을 사용하지 않았다. 생각 속에서 아이가 긍정적으로 자리하고 있기 때문에 부정적인 말을 하지 않았을 뿐이다. 아마도 아이는 '엄마가 언제나 나를 믿어주는구나'라며 긍정을 키워갈 것이다.

긍정적 착각의 영향을 모르는 부모들은 아이가 긍정적이고 행복한 사람으로 자라기를 바라면서 실제로는 부정적 말을 더 많이 한다. 조금만 더 노력하면 잘할 것 같은 안타까움에 하는 말이라는 점을 이해하지만 아이를 위해서는 부모의 말을 긍정적으로 바꾸어야 한다.

"안 돼요?"는 안 된다

아이가 사용하는 부정적 표현도 긍정적인 표현으로 바꾸어야 한다. 그런데 아이는 부모에게 자꾸만 부정적 표현을 배운다. 우리가 일상에서 누군가에게 요구를 할 때 "이렇게 하면 안 돼?"라고 묻는 일이 많다. "여보, 오늘은 일찍 들어오면 안 돼?" "아들, 네 방 좀 정리하면 안 되니?"라고 말하는 식이다. 이럴 때는 다음과 같이 긍정적 표현으로 말해야 한다.

- "여보, 오늘은 일찍 들어오면 안 돼?"

→ "여보, 오늘은 가족끼리 시간을 보낼 수 있게 일찍 들어오면 좋겠어."

- "아들, 네 방 좀 정리하면 안 되니?"

→ "아들, 방이 너무 어지러우니 네가 정리를 좀 하면 좋겠어."

아이가 부모에게 부탁할 때도 마찬가지로, 긍정적으로 요구할 수 있게 알려주어야 한다.

- "과자 사주면 안 돼?"

→ "과자 사줘."

- 놀면 안 돼?

→ "놀고 싶어."

또한 원하지 않는 것보다 원하는 것을 표현하는 습관을 가져야 한다. “시끄럽게 하지 마”가 아니라 “조용히 해주렴”이라고 바라는 점을 표현하자는 뜻이다. 아이가 다칠까 봐 염려스럽다면 “뛰지 마”라고 하기보다 “안전하게 걷자”라고 말해주면 된다. 긍정적으로 말하는 법이 어렵지는 않지만 부정적 언어 습관이 무의식적으로 튀어나오기 때문에 곧바로 고치기는 어려울 수 있다. 부정어는 의식적으로 사용하지 않으려 노력하면 어느새 긍정 말 습관이 자리하게 된다.

사지를 잃고도 긍정을 놓지 않은 교수

부모는 대개 아이의 부족한 면을 찾아 채워주는 것이 자신의 역할이라고 착각한다. 15년 동안 유치원에서 학부모 상담을 하며 관찰해 보니 부모가 보이는 흔한 대화 소재가 있다. 시작은 “아이의 유치원 생활이 궁금해요”지만 이야기를 나누다 보면 결론은 “우리 아이가 부족한 점은 무엇인가요? 집에서 어떻게 해주어야 하나요?”로 끝난다. 아이가 유치원 생활을 더 잘하기 위해 부족한 점을 찾아 고쳐주어 유치원 생활을 잘했으면 좋겠다는 바람이 담겨 있다. 자녀교육 전문가로서 부모 상담을 진행할 때도 비슷하다. 많은 부모가 아이의 부족함을 어떻게 채워야 하는지 방법을 묻는다.

사람은 누구나 완벽하지 않으며 누구나 부족한 점을 가지고 있다. 부족한 점을 고치는 데 인생을 허비하기보다는 긍정성을 키우며 행복하게 사는 데 시간을 투자하는 것이 좋다. 부족한 점을 고치며 사는 것보다 훨씬 긍정적이고 행복한 삶의 거름이 된다.

타이완의 국립 중산대학교 기업관리학과 왕즈위안王致遠 교수는 '올해의 우수 교수상'을 받을 정도로 촉망받았던 학자였지만 2015년 원인을 알 수 없는 감염증으로 두 팔과 두 다리를 모두 잘라야 했다. 그런데 왕 교수는 사지를 잃고도 불행을 행복으로 바꿀 수 있는 태도를 기르는 소중한 기회로 여겼다. 그리고 삶을 되찾기 위해 노력했다. 그는 의족과 의수를 착용하고 학교로 돌아와 강의를 했으며 타이완에서 첫 번째로 '팔 이식 수술' 대상자가 되기도 했다.

유망하던 교수가 사지를 잃고 부족한 점을 찾아 채우려 했다면 그는 불행한 삶을 살고 있을지도 모른다. 하지만 왕 교수는 긍정성이 행복한 삶을 선택하는 열쇠였음을 알고 있었다. 부모가 해야 할 역할도 마찬가지다. 아이의 부족한 점을 찾아 채워주는 것이 아니라 긍정성을 키워주어야 한다. 긍정적 말을 듣고 자라는 아이는 자신감이 넘치고 희망적이다. 부모가 아이에게 주는 무한 긍정은 정서적 안전지대를 만들어주는 것과 같다.

아무리 좋은 집에 살아도 언제 도둑이 들지도 모른다는 부정적 생각을 가지고 있으면 불안해서 아무것도 할 수 없다. 소박한 집에 살아도 부모라는 든든한 울타리가 안전하게 지켜준다면 '이곳은 안전하다'는 긍정적인 생각을 품게 된다. 자신감을 가진 아이는 무슨 일이든 적극적으로 참여한다. 부모는 아이의 자신감을 훔쳐 가는 도둑으로부터 안전하게 지켜주는 사람이 되어야 한다. 오히려 부모가 자신감 도둑이 되면 아이는 불안을 넘어 불행한 자아를 형성하게 된다. 긍정은 행복과 자신감을 키우는 희망의 거름이다. 부모의 긍정 언어를 먹고 자라는 아이는 행복하다.

공감: 경청에 굶주리는 아이들

내게는 사탕이 없었다는 깨달음

유아교육을 전공하고 교육이라는 한길을 걸으며 가장 많이 들었던 단어가 공감 그리고 경청이었다. 그 중요성을 20년 동안 듣고 공부했지만 나는 공감 능력이 부족한 엄마였다. 남에게 무엇을 주려면 내가 가지고 있어야 하는데, 아이에게 공감해 주기에는 내 자신이 너무도 공감에 굶주려 있어서 그럴 수 없었다. 내가 누군가에게 공감받기를 절실히 원하고 있었다는 사실을 깨달았을 때 마음이 너무나 아팠고 부모님이 원망스러웠다. 그러나 나 역시 아이의 엄마였기에 아파하며 가만히 있을 수는 없었다.

내가 아이에게 공감해 주기 위해 먼저 해야 했던 일은 자기 공감이었다. 자기 공감이 부족한 부모는 아이에게 공감해야 한다는 정보가 입력되어도 '그랬구나' 다음에 무슨 말을 더 해야 할지 모른다.

자기 공감이 부족한 부모에게 공감해 주라는 말은 사탕이 없는 사람에게 사탕을 나누라고 요구하는 것과 같다. 사탕이 없으면 없다고 불평하지 말고 사탕을 가진 사람이 되어야 한다. 육아를 힘들어하는 엄마들과 양육 상담을 하다 보면 자식에게 주어야 할 것이 자기에게 없다는 사실을 알게 되었을 때, 그래서 주려고 애쓰지만 잘되지 않는다는 사실만 깨닫게 되었을 때 엄마의 마음이 우울한 감정으로 가득해진다는 점을 발견했다.

우리의 부모님 세대는 먹고 살기 힘든 시대를 이겨내느라 자식인 우리에게 공감을 줄 수 없었다. 부모로부터 공감을 받지 못한 아이는 자라서 배우자에게 그것을 요구하지만, 배우자라고 해서 사탕을 가지고 있는 것은 아니다.

부모에게, 남편에게, 아내에게 위로와 공감을 받으면 좋겠지만 외부로부터 일어나는 해결책은 자신의 의지로 조정할 수 없다. 그러니 자기 의지로 움직일 수 있는 자기 내면에서 해답을 찾아야 한다.

내 안에 일어나는 감정, 느낌, 의견을 잘 들어보자. 내면의 소리에 주의를 기울이고 일어나는 감정을 혼잣말로 표현하거나 글로 적다 보면 자기 공감이 생긴다. 슬프면 슬프다, 우울하면 우울하다, 미우면 밉다고 마음이 느끼는 감정을 매 순간 맛보고 혼자 중얼거리기도 해보자.

자꾸만 교사가 되려는 엄마들

자기 공감을 연습하면서 내 안에 공감을 채워가고 있는데도 아이에게 공감하기 어려운 방해 요인이 있었다. 교사라는 직업이었다. 아이를 가르치려 하고, 조언하려 하고, 설명하려 하고, 바로잡으려 하고, 해결하려고 하는 직업적 습관이 공감을 가로막고 있었다. 아이가 얼마나 숨 막혔을까. 아이에게 미안해진다.

교사가 아닌 엄마들도 집에서 스스로 가정교사가 되기를 선택하고는 한다. 엄마는 엄마면 되는데 교사라는 직업을 행하려 한다. 아이는 엄마를 원하지 가정교사를 원하지 않는데 말이다. 아이 앞에서 자꾸만 선생님이 되었던 나에 대한 반성은 나 혼자만의 이야기가 아니라 부모로서 우리 모두의 이야기이기도 하다.

공감하는 부모가 되기 위해서는 가정교사의 역할을 내려놓는 것이 가장 빠른 길이다. 나 자신에게 공감하고 교사라는 의식을 버리며 공감을 채우니 드디어 아이에게 '그렇겠구나'라는 마음이 느껴졌고 다른 부모와도 양육 상담을 할 수 있게 되었다.

그곳에 그대로 있기

주위 사람과의 대화를 관찰해 보면 공감 능력이 부족한 사람이 의외로 많다는 사실을 깨닫게 된다. 상대가 몹시 불편한 감정을 보이며 사연을 털어놓는데 “그건 아무것도 아니야. 나는 말이지……”라며 자기 이야기로 화제를 돌리거나 “네 말을 들으니 생각나는 건데……”라고 답하는 사람이 그렇다. “그건 네 잘못이 아니야. 너는 최선을 다했어”라고 위로해 주는 사람과 “속상하겠다. 어쩌면 좋니”라고 동정하는 사람도 모두 공감이 부족한 사람이다. 위로와 동정은 공감과 다르기 때문이다.

공감에 뛰어난 부모는 맞장구를 잘 친다. 아이의 말이 끝나면 “아, 그렇구나” “그렇지”라거나 “설명을 쉽게 해주니 이해가 빨리 된다. 고마워” “네 말을 들으니 엄마도 슬퍼진다”라며 상황에 맞게 호응한다. 첫째로 자기 공감하기, 둘째로 가정교사 역할 내려놓기에 이어 아이와 공감하기 위해 해야 할 세 번째 과제는 맞장구치기다. 이 세 가지를 먼저 연습하면 공감은 자연스럽게 이루어진다.

‘무언가를 하려고 하지 말고 그곳에 그대로 있어라.’

공감을 가장 적절하게 표현한 문구라 생각한다. 상대의 감정을 위로하고 조언하고 가르치려 하지 말고 그냥 그 감정에 머물러주는 것이 진정한 공감이다. 그 감정에 머물러줄 수 있다는 것은 그 감정을 자기가 느낄 수 있을 때 가능하다. 그래서 타인이 아닌 자기를 먼저 공감해 주어야 하는 것이다.

공감에는 삶을 극적으로 바꾸는 위대한 힘이 있다. 일본에 오히라 미쓰요大平光代라는 여성이 있었다. 학창 시절 왕따를 당해 할복자살을 시도하고, 비행에 빠져 열여섯 어린 나이에 야쿠자 보스와 결혼했다. 자기 부모를 폭행하기도 하며 나락에 떨어졌지만, 결국 시련을 이겨내고 사법시험에 합격해 비행 청소년을 돕는 전문 변호사가 되었다.

그녀를 바꾼 것은 술집에서 우연히 만난, 어릴 적 자신을 예뻐하던 아버지 친구의 한마디였다. 자신에게 공감해 주는 사람을 만나고는 눈물 흘리던 당시 모습을 그녀는 자전적 에세이를 통해 회고했다. 진심으로 나를 걱정해 주고 인간으로 대해주는 사람을 만났고, 기쁨으로 몸이 떨려 엉엉 울었다고. 자신이 이렇게 된 이유를 누군가에게 이해받고 싶었고 전부가 아닌 아주 조금만이라도 좋으니 '내 마음을 알고 다가와 주는 사람이 나는 그리웠다'고 말이다.

나는 이 대목을 읽는 동안 숨을 잠시 쉴 수 없었다. 내 아이가 얼마나 답답했을지 그리고 공감이 그리웠을지 그려졌기 때문이다. '내 마음을 알고 다가와 주는 사람이 나는 그리웠다.' 우리 아이들이 공감을 기다리는 마음도 이와 같지 않을까.

공감은 한 사람의 인생을 바꾸기도 한다. 백 번의 훈계보다 한 번의 공감이 더 큰 영향을 가져온다. 공감하라는 말은 마음을 수용하는 뜻이지 모든 행동을 허용하라는 의미가 아니다. 아이의 마음은 수용하고 행동은 선도해야 한다. 예를 들면 다음과 같다.

1단계: "네 마음이 그렇구나." 진심으로 마음을 수용

2단계: "그런데 행동에는 잘못된 점이 있네." 행동에 대한 판단

3단계: "어떻게 하면 좋을까?" 문제 해결은 스스로 하도록 유도

아이 마음을 진심으로 수용하고 공감하기 위해서는 경청해야 한다. 경청에 관한 수많은 책과 강의가 그 위대한 힘을 증명하고 있지만 경청하지 못하는 부모와 아이는 날로 늘어난다.

경청의 첫 번째 방해 요인은 경청에 관한 부정적 경험이다. 경청할 때는 아이와 눈높이를 맞추고 눈을 바라보는 것이 기본 자세다. 그런데 우리는 이 자세를 주로 혼낼 때 취한다.

평상시에는 눈높이를 맞추고 눈을 바로 보며 대화하지 않지만 아이를 꾸짖으며 '엄마 눈 똑바로 봐'라고 하고 매서운 눈빛으로 쏘아보며 잘못을 들춰내 말한다. 혼나는 상황을 회피하고 싶은 방어기제로 아이가 다른 곳을 보면 눈 돌린다고 더 혼낸다. 이

글거리는 엄마의 눈총을 감당해야 하는 아이는 엄마와 눈을 마주치고 싶지 않다고 생각하게 된다. 경청은 행동을 고치기 위해서가 아니라 아이의 내면을 들어주기 위한 일이 되어야 한다. 경청은 아이의 영혼을 만나는 일이다. 혼내는 이글거리는 눈빛으로만 눈 맞추지 말고 고귀한 아이의 영혼을 만난다는 사랑스러운 눈빛으로 아이와 눈을 맞춰야 한다. 평상시에는 눈을 마주치지 않고 혼낼 때만 눈을 마주치면 문제가 된다.

경청을 방해하는 두 번째 요인은 무엇일까. 우리가 다른 사람의 이야기를 듣는 데 온 힘을 다 써버려서 정작 소중한 가족의 이야기에 집중할 수 없다는 점이다. 부모는 회사에서, 아이는 학교와 학원에서 누군가의 말을 듣는 데 이미 많은 시간을 할애하고 있다. 직장 상사의 목소리에만 귀 기울이지 말고 내 아이의 목소리도 경청해야 한다.

세 번째 방해 요소는 경험 부족이다. 누군가 나의 말을 경청하고 공감하는 대화를 자주 해준다면 나도 누군가의 말을 경청하고 공감하는 대화를 하게 된다. 경청의 경험이 없다면 경청을 해야 하는지도 모른 채 생활하게 된다. 주말이면 야외 체험장에 아이들이 북적이곤 하는데, 오감을 이용한 체험만큼 경청 체험도 중요하다. 매일 아이와 눈을 맞추고 마음을 들어주어야 한다. 잠시 마음에 머물러주고 대화해 주어야 한다.

마음을 굶기는 일

국가 원수가 국민을 경청하지 않으면 독재자가 되어 결국 나라가 멸망하게 된다. 부모가 경청하지 않으면 아이 마음은 무너져 내린다. 공감 대화가 부족해서 아들을 잃었다는 엄마가 있다. 미국의 대표적 총기 난사 사건을 일으킨 범인 딜런 클리볼드Dylan Klebold의 엄마다. 딜런은 콜럼바인 고등학교에서 동갑내기인 친구와 함께 900여 발의 실탄을 난사해 열세 명의 사망자와 스물네 명의 부상자를 낳은 후 자살로 생을 마감했다.

딜런의 엄마 수 클리볼드Sue Klebold는 《나는 가해자의 엄마입니다》라는 책을 통해 자신의 심정을 꺼내놓는다. 나는 이 엄청난 사건을 만들어낸 가해자가 어떤 방식으로 양육되었는지 궁금했다. 470페이지나 되는 책을 읽는 내내 이미 일어난 일이 내 아이의 잘못이 아니라는 변명을 하는 것만 같아서 불편했다. 엄마로서 자기 자식을 사랑하는 것은 당연하지만 책 속에서 딜런이 얼마나 사랑스러운 아들이었는지에 대한 설명을 읽을 때는 마치 변명처럼 느껴졌다.

신문에서 딜런의 엄마가 "아들과 더 대화했더라면 참사를 막을 수 있었을 텐데"라고 한 말을 읽고서야 책을 다시 한번 훑어보았다. 딜런의 엄마는 총기 난사 사건 이후 엄마면서도 아이 머릿속에 무슨 일이 벌어지고 있는지 몰랐던 것에 대해서, 아이를 도와주지 못한 것에 대해서, 속을 터놓을 수 있는 사람이 되어주지 못한 것에 대해서 용서를 구하고 싶다고 말하고 있었다. 이 엄마는 아이의 학교생활이 어떠했는지 전혀 몰랐다고 고백했다. 대화가 부족했고, 아이의 말을 듣는 순간에도 귀로만 들었지 마음으로 듣는 공감하지 않았던 것이다.

경청과 공감은 아이 마음을 키우는 양식이다. 매일 밥을 굶기는 일을 학대라고 부른다. 경청과 공감에 굶주리게 하는 일도 아이에게는 그만큼이나 해롭다. 매일 공감의 밥을 든든히 먹이면 아이가 나이 들어서도 굳건히 살아갈 기초 체력을 쌓게 될 것이다.

회복: 엄마가 먼저 자신의 상처를 극복해야 하는 이유

아이는 딱 5초만 예쁘다

'아이의 마음을 읽어주어야 한다.' '공감하고 행동보다 감정을 바라봐야 한다.' 이런저런 육아 정보를 접하며 아이 앞에서 "그랬구나"라는 말을 하려고 노력해 본다. 화내면 안 된다고 마음속으로 숫자도 세보지만 어느새 아이에게 상처 주는 말만 골라서 하는 자신의 모습을 발견하고 아이는 아이대로 부모는 부모대로 상처를 받는다.

화내지 않으려 했지만 화를 내고 돌아서서 후회를 하고 화내지 말자고 다짐을 하지만 다시 돌아서서 화를 낸다. 아이는 5초 사랑이라는 말이 있다. 아이와 떨어져 있으면 너무 보고 싶은데 만나서 5초만 같이 있으면 화가 부글부글 올라온다는 말이다.

부모는 자신의 목숨만큼 아니 그보다 더 소중하다는 아이에게 왜 화를 내고 상처를 줄까. 가족 치료사이며 내면 아이 전문가인 존 브래드쇼John Bradshaw는 부모의 마음 안에 내면 아이가 있다고 한다. 어린 시절 크고 작은 상처들을 품은 채로 겉만 성장하는 어른이 되고 치유되지 않은 상처들은 내면에 남아 불행하게도 가장 가까운 사람들에게 그 상처를 전달하며 살아가게 된다고 한다. 내면 아이는 어린 시절 상처받은 마음이 성인이 된 부모 마음에 성장하지 못한 채 슬퍼하고 있는 아이다.

심리 치료사 최성애 박사는 '초감정'에 대해 이야기한다. 초감정은 감정 뒤에 감정, 감정을 넘어선 감정, 감정에 대한 생각, 태도, 관점, 등으로 감정이 형성되는 유아기의 경험과 환경, 문화 등의 영향을 받아 형성된다. 자신도 모르는 사이에 형성되고 비슷한 상황에서 무의식적으로 반응하기 때문에 본인 스스로도 알아차리지 못하는 경우가 많다고 한다.

내면 아이를 달래주지 않아서, 어릴 때 미해결된 감정을 알아차리지 못해서 화를 내고 서로 상처를 주고받고 있다. 내면 아이, 초감정이 있다는 것만 알아도 찾고자 노력하게 된다. 알아차림만으로도 상처를 주는 일은 많이 줄어든다.

도시락을 싸고는 엉엉 울다

딸아이가 초등학교 저학년일 때 소풍을 준비하면서 초감정을 알아차리는 일이 있었다. 당시 아이와 나눈 대화다.

엄마 | 뭘 더 살까? 과자도 더 사고, 과일도 여러 가지 사자.

아이 | 살짝 짜증을 내며 다 못 먹어. 그만 사.

엄마 | 남들 먹는 거 쳐다보지 말고 실컷 먹게 많이 사.

아이 | 아이참, 가방 무거워.

결국 엄마인 내 뜻대로 이것저것 사 왔다. 다음 날 새벽, 도시락을 준비했다. 나는 아이가 푸짐하게 먹을 수 있도록 준비했다. 유치원 원감으로 근무하던 시절에는 소풍 때가 되면 먹다 남은 음식을 버리게 되니 아이가 먹을 양만큼만 보내달라고 강조했었다. 그런데 나는 반대로 행동하고 있었다.

아이 | 이걸 어떻게 다 먹어.

잠에서 깬 아이가 짜증스러운 말투로 음식을 덜어낸다.

엄마 | 울컥하며 실컷 먹고 친구도 나눠주고, 남으면 버리고 오면 되잖아.

아이 | 음식 버리면 아깝잖아. 갔다 와서 먹을게.

나는 음식을 덜어내는 아이 모습에 화가 올라오고 있다는 것을 알아차렸다. 소풍 준비하는 과정에 갈등이 일기 시작했지만 다행히 화로 폭발하지 않을 수 있었다. 초감정을 알아차렸기 때문이다. 내 안에는 이런 감정이 있었다.

'어릴 적 소풍 날 김밥과 맛있는 음식으로 가득한 친구들의 소풍 가방이 부러웠어. 내 도시락은 초라하고 창피해서 활짝 펼쳐놓고 먹지 못했었지.'

아이를 등교시키고 돌아서서 나는 소리 내 울었다. 초라한 도시락 앞에 앉아 있는 내면 아이가 불쌍해서 엉엉 울었다. 그리고 마음으로 어린 시절의 나를 감싸안으며 "얼마나 친구들이 부러웠니. 얼마나 창피했니. 네 마음 내가 알아줄게"라고 말해주었다. 상처받은 내면 아이는 이제 위로받았기에 이후로 소풍 도시락을 준비하면서 아이에게 강요하거나 화낼 일이 없었다.

내면 아이가 상처받았던 그날로 되돌아가다

당신 앞에서 아이가 울기 시작했다. 어떤 반응을 보일 것인가. 우는 소리가 듣기 싫어서 협박하거나 과자를 주며 그치게 하는 부모도 있고, 버럭 화를 내는 부모도 있다. 울지 말라고 입을 막는 부모도 있고, 안아주는 부모도 있다. 그 반응이 바로 부모인 당신의 내면 아이가 보내는 신호다. 당신의 반응 안에 당신의 감정이 보인다.

스킨십이 아동의 정서 발달에 좋다고 하는데 아이와 신체를 접촉하는 것이 싫은 엄마도 있다. 스킨십에 대한 자신의 감정적 기억에 대해 알지 못하니 스킨십이 아이에게 좋은 것을 알면서도 해주지 못하는 자신을 부족한 엄마라고 자학하며 괴로워한다.

무의식 속에 잠자고 있는 과거의 상처가 자기도 모르게 가장 가까운 관계에 있는 가족과의 생활에서 불쑥 나와 상처를 주기도 하고 괴로워하면서 상처를 받고 있다는 것을 우리는 모르고 살아간다. 무의식 속에 상처를 의식으로 알아차리고 가족과 이야기 나누는 것만으로도 상처를 줄일 수 있다.

어릴 적 실수로 동생을 잃어버렸던 상처가 있는 엄마는 초등학생이 된 두 아이의 하굣길에 하루도 거르지 않고 데리러 나가는 행동으로 감정을 표현한다. 엄마의 강박적인 마중으로 아이에게 상처를 주는 이야기 《고슴도치 우리 엄마》라는 동화를 보면 엄마의 감정적 상처를 아이들에게 알리고 치료해 가는 모습을 엿볼 수 있다. 엄마의 상처를 알면 아이들에게도 이해를 구할 수 있다.

존 브래드쇼는 자기 안에 있는 상처를 발견하지 못하고 치유하지 않는다면 인생에서 일어날 모든 문제의 가장 큰 원인으로 남을 것이라고 말한다. 진정 변화를 원한다면 자신의 어린 시절로 돌아가 내면 아이를 만나 울어주라고 한다. 상처받은 내면 아이를 발견하고 부둥켜안아 치유하는 경험은 필수적이다. 부모의 내면 아이가 상처를 품고 있으면 내 아이에게 상처를 주게 된다. 내면 아이가 있다는 것을 알았다면, 초감정이 있다는 것을 알았다면 조금씩 살펴주면 된다.

오래전 그 소풍 날로 돌아가 다시 생각해 봤다. 소풍 갈 준비를 도와주시던 어머니께서 도시락이 초라해 창피할 수 있는 어리던 내 마음을 알아주었더라면 어땠을까. 조금 부끄러워할 수는 있었겠지만 상처로 남지는 않았을 것 같다. 화려한 도시락을 싸가지는 못할지라도 그것을 부끄러워하는 내 감정을 자각하고 조율할 수 있도록 어머니께 도움을 받을 수 있었을 것이다.

부모가 아이에게 자신의 마음을 보여주면 아이는 부모의 마음도 이해하고 자기의 마음도 이해하는 좋은 기회로 삼을 수 있다. 엄마가 "도시락을 준비했는데 엄마 마음에 부족하게 느껴지네. 미안해"라고 말한다면 아이도 따뜻하게 받아들일 것이다. 부모의 내면에서 일어나는 모든 감정을 다 표현할 수는 없지만 조금씩 보여주어야 한다.

내 말의 주어는 '나'

아이에게 상처 주지 않고 생각이나 감정을 표현하려면 '나 전달식'이 좋다. 나 전달식은 '너'가 아니라 '나'를 주어로 하는 화법이다. 부모가 나 전달식으로 말하면 아이도 나 전달식으로 말한다. 이렇게 대화하면 서로 감정의 상처를 줄일 수 있다.

부모는 아이와 대화할 때 주로 '너'를 주어로 삼기 때문에 감정적 상처를 남기게 된다. 처음에는 낯설 수 있지만 자주 하다 보면 습관이 된다. 상처 주는 말도 습관이다. '너'를 주어로 하는 말은 갈고리처럼 상대에게 상처를 준다. 소풍 도시락을 싸는 상황으로 예를 들어보자.

엄마 | 너, 엄마 마음 불편하게 할 거야?

도시락을 덜어내는 아이에게 이렇게 말한다.

아이 | 엄마가 더 불편하게 해! 엄마가 소풍 가는 것도 아니잖아!

이처럼 아이에게 불만스러운 감정을 표현하면 엄마는 감정이 더 격해지고 아이와의 갈등도 깊어진다. 이번에는 '나'를 주어로 말하는 법을 알아보자.

엄마 | 엄마는 어릴 때 친구들 도시락이 부러웠던 적이 있어.
그래서 먹을 걸 많이 싸주고 싶어.

아이 | 나는 친구들이 부럽지 않아. 가방이 가벼운 게 좋아.

상처가 상처를 준다. '너'를 주어로 하면 모든 것은 네 잘못이고 네 탓이 되어버린다. 화가 올라올 때는 참으려 하지 말고 잠시 멈춰서 화의 근원이 무엇인지를 느껴보자. 무의식에 있던 초감정이 살포시 고개를 내밀면 인정하고 다독여주어야 한다. 그리고 숨겨져 있던 부모 자신의 감정을 '나'라는 주어로 표현해야 한다.

양육 상담을 하다 보면 어떤 부모는 자신이 화를 잘 내지 않지만 한 번 화낼 때는 무섭게 낸다고 말한다. 화끈하게 혼내고 화끈하게 사랑하는 뒤끝 없는 부모라서 그렇다고 한다. 뒤끝 없는 부모가 아니라 아이에게 가시를 세우고 사는 고슴도치와 같다. 부모 안에 상처받은 내면 아이가 있듯이 아이도 가장 가까운 부모로부터 영향을 받으며 자신의 내면 아이를 키워가고 있다. 잊지 말자. 상처는 상처를 준다.

감사: 아이는 존재 자체로 축복이기에

작은 칭찬으로도 크게 바뀌는 아이

좋은 쌀로 지은 밥도 어디에 담느냐에 따라 가치가 달라진다. 예쁘고 깨끗한 그릇에 담을 때, 개 밥그릇에 담을 때, 제사 그릇에 담을 때, 음식물 쓰레기통에 담을 때 가치는 확연히 다르다.

말도 그렇다. 부모의 좋은 말도 아이의 마음 그릇에 따라 가치가 달라진다. 마음 그릇이 크고 건강한 아이는 작은 말에도 크게 자란다. 만약 "네 인사가 선생님을 힘이 나게 하는구나. 고마워"라고 하면 그날 하루 종일 마주칠 때마다 인사를 해준다. 사소한 칭찬도 빠르게 받아들이니 금세 인사 잘하는 아이가 된다.

오랜 시간 동안 부모와 자녀의 얼굴을 관찰해 보니 밝은 표정을 가진 아이는 부모도 표정이 밝았다. 표정이 밝은 아이는 유치원이나 학교에서 하는 활동에 적극적으로 참여한다. 이런 아이가 바로 작은 말에도 크게 반응하는 아이이다.

유치원 원감으로 근무하던 시절, 아침에 등원하는 아이 한 명 한 명과 인사를 나누며 아이들의 표정을 자세히 살폈다. 하루를 여는 아이들의 표정은 대부분 직장에 출근하는 어른들의 표정처럼 굳어 있었다. 유치원 버스에서 내려 한 줄 기차를 만들고 걸어 들어오는 모습이 마치 가기 싫은 곳으로 끌려오는 장면을 연상하게 했다.

아이들이 웃지 않는다면 교사가 아무리 좋은 말을 하더라도 얼마나 마음에 담아 갈 수 있을까 생각해 보았다. 아이들이 웃게 해 주고 싶어서 유치원 버스에서 내리면 모두가 놀이터에서 놀도록 했다. 아이들 표정이 제일 밝을 때는 놀 때다. 그제야 아이들의 얼굴에 생기가 돌았다. 아이 마음이 웃을 때 예쁜 말을 들려주면 좋은 씨앗이 될 수 있지만 아이 마음이 굳어 있을 때는 같은 말도 귀찮은 잔소리가 될 수 있다.

웃음은 전염된다

웃음은 전염되는 효과가 있다고 한다. 누군가 한 명이 박장대소하면 왜 그러는지 모르면서도 미소 짓게 되는 경험을 한 번쯤

해보았을 것이다. 스웨덴 웁살라대학교 울프 샌드버그Ulf Sandberg 교수는 웃는 사람의 사진을 보면 불과 30초 만에 저절로 따라 웃게 된다는 사실을 실험으로 밝혔다. 영국 포츠머스대학교와 독일 하노버대학교 수의과대학 연구진은 오랑우탄 스물다섯 마리를 대상으로 감정 표현과 행동을 관찰했는데, 한 오랑우탄이 크게 웃는 표정을 지으면 다른 오랑우탄도 이를 따라 한다는 점을 밝혔다. 이렇게 흉내 내는데 걸리는 속도는 0.5초도 걸리지 않았는데 웃음 전염이 의도적인 행동이 아니라 저절로 발생하는 행동이라는 점을 보여준다.

부모가 아이를 보고 웃으면 아이도 웃게 된다. 아이가 웃게 하면 돈 한 푼 들이지 않고 마음 그릇이 큰 아이로 기를 수 있다.

배움의 스위치를 끄지 않도록

친할 친親 자는 나무木 위에 올라서서立 본다見는 뜻으로 풀 수 있다. 나무 위에 올라서야 넓게 볼 수 있으니 넓은 식견으로 지켜봐준다는 의미다. 우리가 아이에게 취해야 할 태도가 이와 같다. 감시자가 아니라 든든한 안전 기지가 될 수 있도록 돌보아주어야 한다.

아이가 스스로 자유롭게 몸을 움직일 수 있게 되면 '내가 할 거야'라는 말을 꺼낸다. 스스로 배우고자 하는 욕구가 있다는 의미다. 부모는 보호해야 한다는 책임감 때문에 모든 일을 다 해주려고 한다. 이는 스스로 하려는 욕구를 자제시킨다.

아이들은 '도와주세요'라는 말보다 '해주세요'라는 말을 사용한다. 부모들도 '도와줄게'라는 말보다 '해줄게'라는 말을 사용한다. 하지만 '해줄게'라는 말은 아이의 학습 욕구를 꺼버리는 언어며, '도와줄게'라는 말은 아이가 자기 힘으로 경험하도록 하는 말이다.

아이가 돌려 따는 뚜껑이 있는 음료수를 먹을 때를 생각해 보자. 아이들은 대개 뚜껑을 열기 힘들어한다. 아이가 병을 말없이 내밀기만 해도 부모는 자동으로 뚜껑을 열어준다. 때로는 부모가 미리 짐작하여 열어주기도 한다. 아이가 "열어주세요"라고 말할 기회조차 제거해 버린다. 스스로 배우고자 하는 욕구가 꺼지게 된다.

아이 마음속 배움의 스위치를 켜두는 부모는 '해주지' 않고 '도와주는' 길을 택한다. 아이가 음료수를 말없이 내밀면 어떻게 하라는 뜻인지 되물어 아이가 욕구를 표현할 수 있게 기회를 준다. "열어주세요"라는 요청을 받고 나서야 음료수 뚜껑을 열었다가 다시 살짝 닫아서 아이가 스스로 열어볼 기회를 준다. 부모는 도움만 주었고 아이는 부모 도움을 받아 스스로 뚜껑을 열게 된 셈이다.

아이를 혼내지 않고 기를 수는 없다

부모들은 착한 아이와 나쁜 아이 두 부류만 존재하는 것처럼 말한다. 아이가 잘했을 때나 잘하기를 바랄 때는 '착한 아이'라고 하고 잘못했을 때나 혼낼 때는 '나쁜 아이'라고 한다. 그런데 세상에는 나쁜 아이가 없다. 나쁜 행동을 배우는 아이만 있을 뿐이다.

혼내지 않고 아이를 키울 수는 없다. 아이가 옳지 못한 행동을 했을 때는 꾸중도 해야 한다. 이럴 때는 네가 나쁜 것이 아니라 행동이 나쁜 것이라는 사실을 말해주어야 한다.

"네 마음속에는 어떤 감정이든 일어날 수 있어. 네가 나빠서 그런 게 아니야. 누구나 겪을 수 있는 자연스러운 일이야. 하지만 행동은 옳은 것과 나쁜 것을 가릴 줄 알아야 해."

어느 날 아이가 친구에게 미운 마음이 들어서 때려주고 싶었는데 그러지 않았다고 말한다. 친구가 자기에게 욕을 해서 똑같이 복수하고 싶었지만 자기는 나쁜 아이가 되고 싶지 않아서 무시했다고 이야기한 적도 있다. 마음의 주인이 되기를 선택한 아이가 대견스러워서 꼭 안아주면서 "화난 네 마음을 나쁜 행동하는 데 쓰지 않아서 고마워"라고 말해주었다. 아이 스스로 '내가 나쁜 게 아니라 나의 행동이 나쁜 거였구나'를 느끼도록 해주어야 한다.

그럼 아이는 자신의 감정을 자연스럽게 느끼면서도 행동을 가릴 줄 아는 사람으로 자란다.

감사가 감사를 부른다

감사의 마법 같은 힘을 아는가. 사람은 태어나면서 매일 가지고 다녀야 하는 욕심이라는 가방을 하나씩 선물 받는다. 우리는 시간과 노력을 쏟아서 가방을 가득 채우려 한다. 가방이 차면 무거워지기 마련이다. 그제야 우리는 욕심을 내려놓아야 한다느니 비워야 한다느니 떠들며 또다시 시간과 노력을 허비한다. 욕심을 비우기 전에 채우지 않는 것이 먼저다.

자식을 키우는 일도 마찬가지다. 자식을 좋은 교육, 좋은 물질로 채우는 데 온 시간과 노력을 쏟는다. 자식이 이미 커버린 이후에야 '자식 일은 내 마음대로 안 되더라'며 마음을 비우는 데 시간과 노력을 들인다. 자식은 부모의 욕심으로 자라지 않는다.

아이가 우리에게 온 것은 축복이다. 그 자체만으로 감사하고 만족할 수 있어야 한다. '고마워'라고 말해주어야 한다. 부모에게 고맙다는 말을 듣고 자란 아이는 부모에게 고마운 일로 되돌려준다. 부모에게 '자식은 걱정거리야. 자식 키우는 게 힘들어'라는 말을 듣고 자란 아이는 걱정거리를 되돌려준다. 뿌린 만큼 거두는 것이 자연의 법칙이다. 우리에게 가장 고귀한 씨앗은 자식이다. 자식에게 고맙다는 말을 씨앗처럼 뿌리면 고마운 열매를 수확하게 된다. 부모의 작은 말이 아이를 크게 키운다.

사랑: 사람은 물질적 지원만으로 완성되지 않는다

스마트폰이 전부인 아이들

한 아이의 부모인 우리에게도 부모님이 계신다. 나에게 부모님은 어떤 의미인지 문장을 만들어보자. '나에게 엄마는…….' '나에게 아빠는…….' 나는 나의 엄마 아빠가 어떤 사람이기를 바랐던가.

요즘 부모는 아이의 체온을 느낄 시간이 없다. 집에도, 놀이터에도 아이와 부모의 모습은 보이지 않는다. 부모는 직장에 나가기 바쁘고, 아이는 학교에서 학원으로, 다시 다음 학원으로 돌아다닌다. 집이란 학원에 가기 전 잠시 들러 간식 먹는 장소일 뿐이다. 엄마가 필요한 아이들이지만 아주 어릴 적부터 엄마 품을 떠나야 할 일이 많다.

아이가 자라 학년이 올라갈수록 스트레스가 쌓인다. 스트레스를 부모와 함께 긍정적으로 해소하지 못하고 스마트폰이나 다른 사람에게 풀고 있다. 건물 계단을 걸어보라. 학원 가방을 메고 구석에 앉아 스마트폰 게임을 하는 아이들을 만날 수 있다. 엘리베이터에서 마주치는 아이들도 비슷하다. 모두 학원 가방을 메고 한 손에는 스마트폰을 들고 있다. 주말 놀이터에서 보이는 아이들조차 삼삼오오 모여 스마트폰을 한다. 또래에 대한 거친 폭력, 아이들의 일상에 스며든 욕설……. 이 아이들의 스트레스는 어디로부터 온 것이고 어떻게 풀어야 하는가. 부모들이 심각하게 고민해야 할 때다.

할로의 애착 실험

위스콘신대학교의 해리 할로Harry Harlow 교수는 아기 원숭이를 데리고 애착에 대해 실험했다. 어미로부터 떼어낸 아기 원숭이를 다른 우리로 옮겼고, 그 안에 가짜 엄마를 넣어두었다. 하나는 철사로 만들어 딱딱하고 차가운 가짜 엄마였고 다른 하나는 전구와 털을 이용해 따뜻하고 부드럽게 만든 가짜 엄마였다. 할로 교수는 가짜 엄마에게 우유병을 달아보았다. 따뜻한 가짜 엄마에게는 우유병이 있거나 없거나 아기 원숭이가 찾아가 안겼다. 그러나 차가운 가짜 엄마에게는 우유병이 있을 때만 접근했다. 따뜻한 가짜 엄마는 아기 원숭이에게 일종의 안식처였다. 아기 원숭이는 놀라거나 겁먹을 때마다 따뜻한 가짜 엄마에게 매달렸다.

할로의 애착 실험은 아이에게 부모가 어떤 존재여야 하는지 생각하게 한다. 어떤 부모와 함께 생활하느냐에 따라 아기 원숭이는 각기 다른 상태로 성장했다. 가장 건강하지 못한 쪽은 차가운 가짜 엄마의 곁에 있던 아기 원숭이로, 소화 기능에 문제가 있었다. 따뜻한 가짜 엄마와 자란 아기 원숭이는 이보다는 튼튼했지만 의사소통이나 상호작용이 부족해 정서적으로 불안정한 모습을 보였다. 모두 충분한 우유를 주며 길렀지만 먹을 것이 전부는 아니었던 것이다.

우리는 부모로서 아이에게 따뜻한 품을 내어주고 있는가. 정서적으로 안정감 있게 키우고 있는가. 아이가 엄마와 아빠에게 가장 바라는 것이 풍요로운 물질인지 따뜻한 감정인지를 스스로에게 물어보자.

아이가 원하는 엄마

《마지막 강의》의 저자 랜디 포시Randy Pausch 교수는 죽음을 앞두고 나니 '나의 아이들은 아버지를 잃게 되어 못 해볼 일이 많겠구나'라는 생각이 불쑥 찾아와 마음을 어지럽힌다고 책에서 털어놓는다. 자신의 죽음이 두려운 것이 아니라 아버지와 함께하지 못할 아이들이 가슴 아프다고 한다.

우리에게는 아이와 보낼 시간이 남아 있지만, 사교육으로 그 시간을 채우며 아이에게 스트레스만 주고 있다. 한국의 교육 환경을 탓하며 아이 마음을 괴로움으로 물들이는 것은 아닌가. 일단 대학에 들어가고 직장에 들어간 다음 그때 가서 이것, 저것, 그것도 해보자고 핑계를 대며 아이의 마음이 갈라지는 소리를 듣지 못하고 있는 것은 아닌가.

아이의 스트레스는 아이의 것이 아니다. 부모가 욕심으로 만들어낸 것이다. 아이가 손톱을 물어뜯고 산만한 행동을 하거나 무기력에 빠져 우울해하면 그제야 치료해 줄 곳을 찾아간다. 물론 전문가의 도움을 받아 아픈 아이를 보살펴야 한다. 하지만 아이를 낫게 하는 주치의는 부모여야 한다. 아이가 세상에 태어나게 한 것도 부모고, 행복하게 살도록 하는 것도 부모다. 그 외의 모든 전문가는 도움을 주는 역할일 뿐이다.

아이들은 교과 지식을 넣어주려고 하는 부모보다 있는 그대로를 사랑해 주는 부모를 원한다. 다양한 외국어를 배우게 하는 부모보다 따듯한 말을 해주는 부모를 바란다. 비싼 과외를 시켜주는 부모보다 품을 내어주는 부모를 좋아한다. 고급 승용차로 마중 나오는 부모보다 손을 잡고 함께 걸어주는 부모를 그리며 무엇이든 살 수 있는 카드를 주는 부모보다 절제하는 삶을 살아주는 부모를 기다린다.

자식을 잘 키우고 싶지만 방법을 몰라 사교육에 매달리고 옆집 선배 엄마 말에 흔들린다. 나도 어느 누구보다 아이를 잘 키우고 싶은 부모기에 그 마음을 잘 안다. 더 이상 아이 키우는 일을 외부에 완전히 위탁하기보다는 필요한 시기에 맞춰 도움을 받으며 부모가 직접 키워야 한다. 아이에게는 부모의 따듯한 관심과 사랑이 필요하다. 마음이 건강하게 자란 아이는 세상을 품어나갈 힘을 가지게 된다.

4장

넘어져도 다시 일어서는 힘

문제를 회피하지도 포기하지도 않는 습관

날로 느는 청소년 문제

학교 폭력, 집단 폭행……. 아이들이 점점 잔혹해지고 있다. 요즘은 법보다 십 대가 더 무섭다는 말이 나올 정도다. 청소년 사이에서 벌어진 집단 폭행이 사회적 파장을 일으킨 적 있다. 그때 가담한 아이들이 메신저로 주고받았다는 대화 내용이 이러하다.

'상관없어.'

'나중에 다 묻혀.'

'우리 전국에 얼굴이랑 이름 퍼지는 거야.'

'와, 팔로우 늘려서 SNS 스타 돼야지.'

아이들이 친구를 생각도 감정도 없는 장난감처럼 가지고 논다. 이 아이들에게 옳고 그름을 가려낼 판단력이 있었다면 이런 일이 일어났을까. 아이들이 생각하는 힘을 잃어가고 있다. 무엇을 해야 하고 하지 말아야 하는지 스스로 사고하는 능력이 사라져 버렸다.

청소년 문제를 줄이기 위해서는 처벌의 수위를 높이기보다 생각의 수위를 높이는 것이 더 뛰어난 예방책이다. 청소년 금연 캠프, 음주 예방 교육, 안전사고 방지 프로그램 등 모두가 중요하지만 정말 예방 효과가 있는지 확인해 보아야 한다.

꿈이 있는 아이는 잘못된 길로 빠지지 않는다. 오로지 꿈에 집중하기 때문에 비행에 쏟을 시간과 여력이 없다. 그런데 벅찬 즐거움을 경험해 보지 못한 아이는 꿈을 향한 가슴 뛰는 간절함을 느끼지 못한다. 간절함은 능력을 끌어올리는 기폭제가 된다. 어린 아이에게 가슴 뛰는 일이란 무엇일까. 바로 신나게 노는 것이다. 열심히 놀아본 아이가 자라서 꿈을 찾고 싶어 하기 마련이다.

놀아야 할 나이에는 놀아야 한다

한국체육대학교 조욱상 교수는 핀란드의 학교폭력 예방책을 참고해 체육 활동에서 해법을 찾을 수 있다는 주장을 했다. 핀란드에서 학업성취도 1위를 달성한 중학교를 찾아가 보니 체육 수업 시수가 영어나 수학만큼이나 많았다고 한다. 세이내요키 지역에서는 초등학생부터 고등학생까지 모두 스쿨버스가 아닌 자전거를 이용해 통학하고 있으며 1교시가 시작하기 전까지 운동장과 체육관에서 시간을 보내고 있다. 이는 신체 활동이 교감신경과 부교감신경을 활성화해 전두엽의 성장을 돕고 그 결과 공격성이 감소한다는 이론에 따라 실시된 교육 방침이다.

뇌과학과 정신과학을 연구하는 전문가들은 물론 청소년 체육 현장을 경험한 이들은 신체 활동이 아이들의 폭력성을 낮추는 효과가 있다고 증언했다. 학교 폭력을 예방한다며 교실에 앉혀놓고 폭력이 무엇인지 어떻게 대처해야 하는지 가르치는 것이 아니라 신체 활동을 하도록 이끈다니, 한국의 교육과는 차이를 보인다.

연령에 맞춰 즐겁게 놀며 가슴 뛰는 경험을 한 아이들은 스스로 꿈을 찾는다. 발달 시기마다 해야 할 일을 하는 과정에서 스스로 생각하는 힘을 키운다. 활기차게 생활하며 무한한 가능성을 품어야 할 아이들이 엉뚱한 곳에 너무 많은 시간을 보내고 있다.

엄마의 친절이 아이를 망친다

아동 문제, 청소년 문제를 해결하려면 부모 교육이 시급하다. 부모 역할이 무엇인지 배우지 않고 부모 노릇을 하려니 부모들도 많이 지친다. 부모가 갈팡질팡 힘들어하는 동안 아이들은 자기 한계에 부딪혀 무기력해지고 수동적인 사람이 된다. 스스로 생각하기를 귀찮아하고 스스로 생각하는 법을 잊어버린다. 지식의 노예가 되기를 선택한다. 생각하지 않는 아이는 당연히 꿈도 없다. 꿈도 부모가 정해주어야 한다.

스스로 생각하는 아이가 되지 못하게 방해하는 요소 중 하나는 엄마의 친절함이다. 학교 수업이 끝나면 엄마나 하교 도우미, 학원 선생님 등 하교 후에 어디로 가서 무엇을 해야 할지 안내는 하는 어른들이 있다. 혹은 학교 수업이 끝나면 아이들은 휴대폰으로 엄마에게 수업이 끝났다고 알린다. 엄마는 친절하게 다음에 어디로 가고 무엇을 해야 할지 안내한다. 아이는 엄마의 말에 따라 바쁘게 움직이다. 내가 진행했던 초등토론 수업에서도 비슷한 풍경이 펼쳐졌다. 아이들은 엄마에게 연락해 수업이 끝났으니 놀아도 되는지 물어보기도 한다.

수업은 마쳤는지, 지금은 어디에서 놀고 있는지 부모에게 알리도록 가르치는 것은 아이의 안전을 위한 올바른 조치다. 하지만 아이들이 부모에게 알리는 것이 아니라 지시받고 허락받는 것이 문제다. "엄마, 놀아도 돼요?"가 아니라 "엄마, 어디에서 ○○랑 놀게요"가 되어야 한다. 학교 끝났다는 아이의 말에 "조심해서 학원 가"라고 할 것이 아니라 아이가 먼저 "엄마, 학교 끝났어요. 학원 다녀올게요"라고 해야 한다. 오늘은 특별한 일이 있다면 미리 알려주어 아이 스스로 하루를 계획하도록 해주어야 한다.

나는 아이와 하루 시간을 어떻게 활용할 것인지 미리 이야기 나누고 자율적으로 시간을 계획해 활용하도록 했다. 학교에서 집에 도착하면 안전하게 귀가했음을 알려 엄마가 걱정하지 않도록 했고, 아이에게 주어진 자유 시간은 아이가 자유롭게 활용하되 어디로 가는지는 장소를 말하도록 했다. 자유는 마음대로 행동하는 것과 다르다는 사실을 가르쳐 자유롭게 시간을 써도 좋지만 도덕적이지 못한 행동은 하지 말아야 한다는 점을 일러두었다.

병원에 가야 하거나 다른 특별한 일과가 끼어들 때는 등교하기 전에 미리 알려주어 하루를 계획하도록 했다. 같은 시간을 안전하게 보내지만 엄마의 지시에 따라 움직이는 것이 아니라 스스로 자기 시간을 활용한다. 내 아이도 수시로 엄마에게 전화를 걸지만 허락을 받기 위해서가 아니라 장소와 위치 이동을 알리기 위해서다.

스스로 생각하는 아이로 키워야 하는 이유는 무엇일까. 본인의 안전은 본인이 지킬 수 있도록 힘을 길러주고, 청소년 문제를 예방한다는 점이 있지만 그보다 중요한 목적이 있다. 아이가 자신의 주인으로 살아가도록 하기 위해서다. 주인으로 사는 아이는 자기를 있는 그대로 소중히 여길 줄 알고 꿈꿀 줄 안다. 스스로 생각하는 아이로 키우는 가장 기본적인 방법은 부모의 친절함을 줄이고 연령에 맞는 일을 알아서 할 수 있도록 기회를 주는 것이다.

스스로 생각하는 아이는 하루가 즐겁고 행복하고 소중하다. 스스로 생각하는 아이는 가슴 뛰는 꿈을 찾고 이루며 살아간다. 스스로 생각하는 아이는 문제를 회피하거나 포기하지 않고 해결하며 살아간다. 스스로 생각하는 아이는 옳은 일과 그른 일을 분별할 줄 안다. 스스로 생각하는 아이는 가치 있는 성공을 선택한다.

흥부의 마음과 놀부의 재물을 모두 가지려면

누가 진짜 부자일까

부모에게 자녀가 어떻게 자라기를 바라는지 질문하면 대답은 대동소이하다. 잘 먹고 잘살았으면 좋겠다고 한다. 그러려면 지금부터 똑똑한 아이로 키워야 한다고 덧붙인다. 결국 잘 먹고 잘살려면 똑똑해야 한다는 뜻이다.

그런데 세계 100대 부자들을 살펴보자. 그들과 평범한 사람들의 차이는 무엇인가. 소유한 재산의 차이는 부유해서 생긴 결과지 원인이 아니다. 부자들이 부자가 된 까닭은 그들의 생각에 있다. 돈은 생각이 가져온 결과 중 하나다. 자녀를 잘 먹고 잘사는 사람으로 키운다는 것은 생각의 부자로 키워야 한다는 말이다.

어느 날 아이가 "나는 부자가 될 거예요"라고 했다. 나는 아이가 어릴 때부터 경제를 교육했고 기부를 통한 나누는 삶에 대해 많은 대화를 나누어왔다.

엄마 | 네가 생각하는 부자는 어떤 사람인데?

아이 | 돈이 많고 가구도 좋고 집도 넓은 사람이야.

엄마 | 그렇구나. 네가 말하는 사람들은 돈이 많은 부자네. 흥부와 놀부 중 누가 더 부자니?

아이 | 고래 같은 기와집에 사는 놀부가 부자인데……. 그런데 나는 놀부가 싫어.

놀부가 싫은 까닭을 듣고, 반대로 흥부에 대해서는 어떻게 생각하는지 이야기를 나누었다.

엄마 | 어떻게 하면 흥부의 마음과 놀부의 돈을 다 가진 부자가 될 수 있을까?

아이 | 엄마! 빌 게이츠는 컴퓨터를 생각해 내서 부자가 됐잖아. 빌 게이츠는 기부도 많이 하고.

아이는 어린이 신문과 책을 통해 빌 게이츠에 대해 알고 있었다. 우리

모녀는 여러 차례 빌 게이츠에 대해 대화를 한 경험이 있다.

엄마 | 그럼 생각을 키우면 부자가 되겠네. 부자가 되면 기부도 많이 할 수 있고. 생각을 키우려면 무엇을 해야 할까?

나는 아이가 묻는 말에 엄마의 생각을 정해진 답처럼 제시하지 않았다. 아이가 직접 생각할 수 있도록 질문만 던졌다. 아이는 생각을 즐기며 생각의 질을 높이고 키웠다. 부모들이 잘 먹고 잘 산다는 개념을 어떻게 잡고 있느냐에 따라 부모의 가치관이 달라진다. 부모의 가치관은 아이의 인성이 된다. 부모가 돈을 많이 버는 사람을 부자라고 생각하며 대화했다면 아이도 돈을 많이 버는 사람이 부자라는 개념을 가지게 된다.

영아기에 느끼는 '발견의 기쁨'

여름을 시원하게 해주는 에어컨, 음식을 싱싱하게 유지시키는 냉장고, 어둠을 밝히는 전깃불 등 생활 속 작은 것 하나하나 생각이 깃들지 않은 것이 없다. 자연물을 제외한 세상 모든 것은 어느 누구의 발상으로부터 탄생했다. 세상을 바꾸고 발전시키는 것은 생각이다. 생각이 자본이다. 자본을 많이 가진 사람은 잃을 것을 두려워하지 않고 도전하지만 자본이 없는 사람은 시도하기조차 겁이 난다. 아이들에게 많은 돈을 물려주기보다 마르지 않는 생각 자본을 물려주어 도전을 즐기며 세상이 더 나은 방향으로 변화하고 발전하는 데 기여하는 삶을 살도록 하면 어떨까.

생각하는 힘을 물려주려면 어떻게 해야 하는지 알아보자. 영아기약 1개월~4세에서 유아기약 5~7세를 거쳐 아동기약 8~13세에 이르기까지 발달 순서에 따라 부모가 쉽게 실천할 수 있는 방법이 있다. 영아기 아이들이 "이게 뭐야?"라고 궁금한 것을 묻는다면 생각이 자라기 시작했다는 신호다. 이 신호에 보이는 부모의 반응에 따라 생각 코인이 하나씩 생겨난다.

"이게 뭐야?"라는 질문에 부모는 '이것은 무엇이다'가 아니라 '이것이 무엇일까?'라고 답해야 한다. 아이가 숟가락을 가리키며 "이게 뭐야?"라고 하는데 "이건 숟가락이야"라고 반응하면 아이에게는 숟가락이라는 지식이 하나 쌓인다. 그런데 "이건 뭘까?"라는 질문을 되돌려주면 아이가 탐색하며 생각을 움직인다. 세워도 보고 뒤집어도 보고 돌려도 보면서 아이가 마음껏 가지고 놀도록 하는 것을 탐색이라고 한다.

탐색하는 시간을 주어 호기심과 관심이 생기면 일상생활 중 순가락을 사용하는 모습이 아이 눈에 들어오기 시작한다. 음식을 먹을 때, 요리할 때, 무엇인가 덜어낼 때, 설거지를 할 때 등 일상에서 활용되는 숟가락을 보면서 숟가락에 대한 생각이 자란다. 숟가락을 안다는 것은 명칭을 안다는 것이 아니라 숟가락의 활용을 안다는 것이다. '이것이 숟가락이다'라는 지식보다 숟가락의 활용을 발견하는 기쁨이 영아기 아이의 생각 영양분이다.

교육에 열성적인 부모들은 아이가 숟가락이 무엇인지 묻지도 않았는데 "이건 숟가락이야. 냠냠 밥 먹는 숟가락"이라며 그림을 보여주고 한글도 가르친다. 숟가락뿐만 아니라 모든 사물을 영아기부터 주입식으로 알려주고 있다. 아이에게 설명하느라 부모의 입이 바쁘다.

영아기 아이가 질문을 하면 정답을 알려주는 기회가 아니라 아이 스스로 생각의 문을 열게 하는 수단이 되도록 활용해야 한다. "이것이 무엇일까?"라는 질문으로 생각의 문에 노크를 하고 "이것으로 무엇을 할 수 있을까?"라는 질문으로 생각의 문을 활짝 열어준다. 숟가락을 예로 들어 정리해 보자.

① 아이가 "이건 뭐야?"라고 묻는다.
② "이것은 무엇일까?"라고 되물어 아이 생각에 노크한다.
③ 아이가 질문을 돌려받고는 숟가락에 관심을 가지게 되면서

생각의 문을 연다.

④ 숟가락을 가지고 오감을 이용해 놀며 탐색할 수 있도록 한다.

⑤ 일상생활에서 숟가락을 발견할 때마다 아이의 생각이 자라나기 시작한다.

영아기에는 지식이 아니라 오감으로 경험해 배운다는 것을 알면서도 자꾸 지식을 가르치려는 경향이 있다. 지식으로 배우는 것과 경험으로 배우는 것의 차이는 '발견의 기쁨'이다. 사물의 명칭을 아는 것보다 발견하는 기쁨을 아는 것이 생각을 키워준다. 세상이 온통 모르는 것으로 가득한 영아기에 느낄 수 있는 가장 큰 배움의 즐거움은 발견이다. 세상을 발견하는 재미를 알아야 할 시기에 부모가 주는 것만 받아서 흡수한 아이는 생각의 문을 활짝 열지 못한다.

아이가 발견하는 과정에서 부모에게 가장 필요한 덕목은 기다림이다. 지저분하게 흐트러지는 집을 지켜보면서 아이가 발견을 마칠 때까지 기다려야 한다. 기다린다고 해서 부모가 방관자로 머물라는 뜻이 아니라 부모가 감당해야 할 뒤처리를 걱정해 미리 행동을 차단하지 않고 발견의 기쁨을 느끼도록 시간을 준다는 의미다.

유아기는 지식과 경험을 연결하는 시기

유아기가 되면 아이 스스로 하고자 하는 일이 늘어난다. 이 시기에 한 번쯤은 엘리베이터 버튼을 부모가 먼저 눌렀다고 짜증부리는 일이 일어난다. 생각이 잘 자라고 있다는 의미다. 영아기에는 발견의 기쁨이 생각 코인이라면 유아기에는 일상생활 속 경험을 연결하는 것이 생각 코인이다.

유아용 학습지에 '연관된 것끼리 줄을 그어보세요'라는 학습법이 많이 등장하는 이유도 유아기가 '연결'을 할 수 있게 되는 시기이기 때문이다. 생각과 생활의 연결은 일상생활의 경험을 스스로 했을 때 가장 활발히 일어난다.

아이들이 놀이터에서 좋아하는 놀이기구 중 하나가 그네다. 부모는 위험해서 그네를 태우고 싶지 않은데 아이는 자꾸 그네로 걸어간다. 그럼 부모는 아이 몸을 들어 올려 그네에 앉히고 뒤에서 밀어준다. '아이 스스로'가 빠져 있다. 아이 스스로 뒤뚱이면서 그네에 올라가 보고 어떻게 해야 그네가 움직이는지 몸을 흔들어도 보고 엄마에게 밀어달라고 부탁도 해보고 다른 친구들이 타는 모습을 보면서 흉내도 내보는 경험을 해본 아이는 생각을 연결할 줄 안다. 놀이터의 놀이기구에는 많은 과학 원리가 숨어 있다. 이 시기에는 세상의 법칙을 지식으로 배우는 것이 아니라 몸이 깨닫도록 체험해서 다양한 놀이기구 안에 있는 원리와 일상생활에서의 원리를 연결해야 한다. 몸으로 알게 된 원리가 많을수록 초등기 이후부터 지식과 생각의 연결이 쉬워져 활용 지식이 많아진다.

유아기에는 스스로 해볼 수 있는 기회를 많이 주어야 하는데 부모들이 그러지 못하는 데는 이유가 있다. 첫째는 안쓰러운 마음이다. 아이가 스스로 하는 과정에서 넘어져 아프게 되면 안쓰럽고 아이가 노력하는 모습이 안쓰럽다. 그러니 부모가 대신 다 해주고 속이 편하기를 선택한다. 안쓰러운 마음을 내려놓아야 아이의 생각이 자란다.

두 번째는 재촉하는 습관이다. '빨리빨리'는 한국 사람의 특성이라고 한다. 부모들은 아이들이 무엇인가 시도할 때 서툴고 느리게 하는 장면을 지켜보기 답답해한다. '빨리빨리'라는 말은 생각이 자라는 데 독이 되는 말로, 정말 위급하고 필요할 때만 사용하고 될 수 있으면 자제해야 한다. 아이들의 생각은 부모의 생각보다 느린 속도로 자란다.

세 번째는 영아기 때와 비슷한 이유로, 부모 몸이 피곤하기 때문이다. 아이들이 스스로 하려다 보면 엉망진창이 된다. 이를 정리하는 것은 부모의 몫이니 차라리 처음부터 해주는 편이 훨씬 수월하다. 하지만 어린아이의 생각은 특히 몸을 움직여 놀이를 하면서 자란다. 그러니 내 몸이 피곤해지는 만큼 내 아이의 생각이 자란다고 마음먹으면 좋겠다. 몸으로 생각이 자라는 시기도 곧 지나간다.

이 세 가지 이유로 아이가 경험할 기회는 차단된다. 부모는 자식을 위해서라면 못할 일이 없다고 말하지만 실제로는 부모가 편하자고 아이에게 가장 중요한 자본인 생각을 방해한다. 그리고 생각을 키우기 위해 돈을 들여 학원에 보내고 학원비를 감당하기 위해 열심히 일하는 것이 자식을 위한 최선이라고 여긴다.

주말에 특별한 곳에서 하는 경험만 경험이라고 생각하고 일상생활에서 스스로 하는 경험은 경험이라고 생각하지 않는 것도 문제다. 일상 경험이 많은 아이는 지식과 경험을 더 쉽게 연결하며, 연결에 필요한 재료를 풍부하게 가지고 있는 셈이다.

기본기를 토대로 새로운 것을 만드는 아동기

영아기의 '발견'과 유아기의 '연결'은 창의와 융합 같은 생각 영역의 기본 능력이다. 영유아기에 생각의 뿌리를 튼튼히 내린 아이들은 아동기부터는 다양한 지식과 융합되어 가는 일상을 경험한다. 아동기에는 지식을 생각과 결합하여 새로운 것을 만들어내는 생각의 힘을 키워야 할 때다.

부모들은 아이가 초등학교에 입학하면 연산과 한글 쓰기에 집중한다. 부모들이 하고 싶어서가 아니라 교육 환경이 부모를 조급하게 만든다. 학교에서 연산과 쓰기를 중요시하니 내 아이의 수준이 낮으면 아이의 기가 꺾이고 자신감이 사라질 것 같은 마음으로 임하게 된다. 아이를 먼저 학교에 보낸 옆집 엄마도 한몫 거든다. 연산과 쓰기를 못하면 담임선생님으로부터 학습지 공부를 시키라는 전화를 받는다거나 아이가 스트레스를 받아 학교 가기를 싫어한다는 이야기, 간혹 연산이나 받아쓰기 단원평가 형식의 시험에서 높은 점수를 받지 못하면 아이 스스로 창피하게 생각해 자신감이 낮아진다는 이야기 등 사실인지 아닌지 모를 말을 전해준다.

생각이 자라기 위해서는 지식이 필요하다. 연산도 알아야 하고 규칙성도 알아야 하고 길이를 재는 단위도 알아야 한다. 지식을 글로 배워야 하니 한글도 공부해야 한다. 다만 생각을 빼고 지식만 키우면 안 된다는 것이다. 만약 교과서에서 사칙연산을 배웠다면 이 지식과 생각을 결합해 보는 경험이 필요하다.

예를 들어 빼기를 일상에서 발견하고 연결해 생각을 자라게 하려면 어떤 방법이 있을까. 아이의 이가 빠지면 "이가 모두 스무 개였는데 하나 빼고 열아홉 개 남았네"라고 해볼 수 있다. "이는 왜 빠지는 걸까? 언제까지 이가 빠질까? 동물도 사람처럼 이갈이를 할까?" 같은 질문으로 새로운 사실을 더 발견하기도 한다.

이번에는 더하기로 예를 들어보자. "짜장면도 먹고 싶고 짬뽕도 먹고 싶은데 두 그릇을 혼자 먹기에는 배가 부르고 돈도 낭비하는 것 같아. 좋은 방법이 없을까?"라며 "두 개를 더해 짬짜면을 먹으면 되겠다. 이처럼 더해지면 좋은 것은 무엇이 있을까?"라고 하면 된다. 짬짜면처럼 일상생활과 연산을 연결시켜 발견하게 된 결과물이 많아질 것이다.

학교에서 나누기를 배웠다면 혼자서 무거운 상자를 여러 개 들고 가는 이웃을 보며 "물건을 나누어 들면 힘도 나누어지겠구나"라고 할 수 있다. 음식을 나누어 먹는 것도 좋은 교육이다. 나누기를 통해 '나눔'을 배우면 지식이 인성과도 연결된다. 기쁨을 나누면 배가 되고 슬픔을 나누면 반이 되며 마음과 마음 나누면 행복이 더해진다는 진리를 배울 수 있다.

연산을 숫자로만 공부해야 한다는 고정 관념에서 벗어나면 생활과 연결이 되고 또 다른 발견이 된다. 연산을 지식으로 배우고 일상에 적용할 때 아이의 생각이 자라는 것이 느껴지는가. 초등기 이후에 배우는 지식은 생활과 연결하지 못하면 활용하지 못하는 지식이 된다. 지식의 배움과 경험의 배움에서 발견과 연결이 균형을 잡고 이루어질 수 있도록 가르쳐야 살아 있는 지식이 된다.

생각이 자본이다

생각을 자라게 하는 것은 어렵지 않다. 마음만 먹으면 실천하기도 아주 쉽다. 자녀의 영유아기를 이미 지나 보낸 부모라면 지난날을 후회하기보다 남은 시간에 적용하기를 바란다. 어느 누구도 과거를 바꿀 수는 없다. 생각을 자라게 할 시기를 놓친 것이 아니라 시기가 조금 늦춰졌을 뿐이다. 지금 초등학생이더라도 부족한 부분이 있다면 학년과 무관하게 아이의 생각 수준에 맞춰 쉬운 단계부터 시작하면 된다.

생각은 자란다. 생각에는 문이 있다. 아이가 자랄수록 생각의 문을 닫아버리면 생각이 굳는다. 생각의 문을 활짝 열고 마음껏 들락날락하면서 자랄 수 있게 하는 것이 살아있는 교육이다. 아이가 성장한다는 것은 생각 코인이 많아진다는 것이다. 생각이 자본이다.

사고력의 깊이와 넓이

생각의 재료

"넌 무슨 생각으로 사니?"

"생각이 있니 없니?"

"생각 좀 하지?"

"네가 그렇지. 생각하는 수준이 동생보다 못하는구나."

어디선가 들어본 듯 익숙한 말이다. 들어본 말일 수도 있고 해본 말일 수도 있다. 생각이 없다는 메시지를 받으면 자존감이 위축되거나 '그래, 난 아무 생각 없이 산다'라는 반발심이 생긴다.

아이에게 생각 좀 하라고 말하기 전에 생각할 재료가 충분한지 살펴보아야 한다. 생각의 재료가 많은 아이는 생각을 자유롭게 가지고 놀면서 세상을 창조하는 힘을 키운다. 생각의 재료가 싱싱하면 생각도 건강하다. 비싸고 고급스러운 장난감을 가지고 노는 아이보다 자기의 건강한 생각을 가지고 노는 아이의 미래가 가능성 있다. 생각의 재료가 없는 아이에게 생각을 요구하는 것은 우물에서 숭늉 찾기다. 생각을 요구하기 전에 생각 재료를 주어야 한다. 훌륭한 생각 재료인 독서, 대화, 경험, 모방에 대해 알아보자.

책을 좋아하지 않는 아이는 없다

생각의 첫 번째 재료는 독서다. 책에는 지은이의 생각이 담겨 있다. 독서는 다른 사람의 생각을 읽는 것과 같다. 책은 생각 재료의 보물 창고다. 스스로 독서하는 아이는 보물을 많이 가지게 된다.

독서는 책에 재미를 붙이는 것에서 시작되니 우선 환경을 만들어주어 아이가 책에 재미를 가지도록 해야 한다. 많은 부모가 독서의 중요성을 알고 아이에게 독서 습관을 들이려고 노력한다. 그런데 습관 들일 목적으로 책을 강요하면 실패하거나 일시적인 효과만 볼 수 있다. 독서는 습관이 아니라 즐거움이어야 한다.

"우리 아이는 책 읽는 것을 좋아하지 않아요"라고 말하는 부모들이 있다. 세상에 책을 좋아하지 않는 아이는 없다. 책 읽는 맛을 보지 못했을 뿐이다. 책 읽는 습관을 붙이려고 애쓰거나 제발 좀 읽으라고 애원하지 말고 책 읽는 즐거움을 맛보게 하면 된다.

재미있는 것은 하지 말라고 해도 하게 된다. 재미있는 것을 꾸준히 지속하면 습관이 된다. 독서는 즐거움이고 놀이가 되어야 한다. 아이들에게 놀이가 쾌락인 것처럼 독서도 쾌락이어야 한다. 책이 읽고 싶어서 스스로 책을 찾아 읽는 아이들, 즉 독서 습관이 생긴 아이들은 책 읽는 즐거움을 맛본 아이들이다.

우리가 매일 밥을 먹어 에너지를 보충하듯이 생각에도 매일 밥을 먹여 에너지를 보충해야 한다. 생각의 밥은 독서다. 책을 읽으면 생각 재료가 풍부해진다. 생각 재료가 풍부해야 품격 있는 대화, 질문, 토론으로 생각의 힘을 키울 수 있다. 아이에게 "책을 읽자"는 말보다는 "생각에게 밥 줄 시간이다" "생각을 키우자" "생각을 읽자"고 말해보자. 책을 읽고 있을 때는 "생각을 키우고 있구나" "생각을 읽고 있구나"라고 이야기하고, 책을 다 읽었을 때는 "생각이 자랐구나"라는 말로 격려해 주면 독서가 또 하나의 공부가 아니라 생각에 밥을 주는 놀이가 될 수 있다.

생각에 불을 붙이는 활동, 대화

생각의 두 번째 재료는 대화다. 뛰어난 교육법으로 유명한 유대인들은 대화를 많이 나눈다. 소크라테스Socrates는 '대화란 상대의 이성에 불을 붙이는 활동'이라고 했다. 혼자 생각에 잠겨 있을 때보다 대화할 때 훨씬 더 뇌가 자극을 받게 된다.

부모와의 대화에서 아이는 논리적이고 이성적인 부모의 사고방식을 터득하고 생각의 재료로 삼을 뿐만 아니라 가족 간의 따뜻한 정을 느낄 수 있다. 그렇다면 우리는 자녀와 얼마나 자주 대화하고 있는가. 대한민국 가정의 대화 빈도와 질이 낮다는 조사 결과가 있다. 대화란 '대놓고 화내는 것'이라는 유머도 있다. 우리는 문제나 고민이 있을 때나 "얘기 좀 하자"고 요청한다. 사실상 상황을 해결하거나 예방하기 위한 회의다. 마음이 불편한 상태로 말을 주고받기 때문에 감정이 쉽게 끼어든다.

나의 자녀교육 철학은 유대인 교육을 근간으로 하고 있는데 유대인 교육의 핵심은 생각하는 힘을 키우는 교육이기 때문이다. 유대인들이 생각하는 힘을 키우는 교육의 대표적인 방법은 하브루타, 즉 토론형 대화다. 유대인들은 대화를 통해 인성과 지성을 키운다.

대화는 인성과 지성은 물론 뇌 발달에도 직접적인 영향을 미친다. 하버드, 펜실베이니아 주립대학교의 연구팀은 부모와 아이가 주고받는 대화가 아이 뇌 발달에 어떤 영향을 미치는지 연구했는데, 만 4~6세 아이들과 그 가족들 대상으로 9주간 대화 프로그램을 진행한 결과 부모와 대화가 많을수록 아이의 언어와 인지 조절력, 사고 유연성 등의 사고력이 좋아졌다는 결과가 나왔다. 또한 언어 처리를 담당하는 좌측회전두회와 모서리위이랑의 두께가 두꺼워져 뇌 활동이 더 활발해졌다.

9주라는 짧은 기간 동안에 뇌의 변화는 부모가 자녀와 대화를 자주 해야 하는 필요성과 대화의 중요성을 시사한다. 대화를 통해 상대방의 생각을 읽게 하는 것은 협상과 조율 등 교과서에서 배울 수 없는 능력을 기르는 시간이기도 하다. 아이에게는 부모와의 대화, 친구들과의 대화가 필요하다.

일상에서 낯선 여행자가 되는 경험

생각의 세 번째 재료는 경험이다. 인간은 망각의 동물이다. 각별한 주의가 없으면 새로운 정보는 몇 초 이내에 잊어버린다. 하지만 관심 있게 관찰하면 단기 기억이 되고 연습과 반복을 거듭하면 장기 기억이 된다. 연습하고 반복하는 방법으로는 메모, 이미지화, 실천, 경험 등이 있다.

경험과 여행은 특히 장기 기억이라는 생각 재료를 만든다. 여행지에서 일어난 사건이나 일상적이지 않은 특별한 경험은 평생 간직하는 추억이 된다. 경험과 여행은 세상을 오감으로 느끼는 과정이다. 여행은 사람을 여유롭게 하고 생각을 자유롭게 한다. 낯선 곳을 탐험하다 보면 세상이 얼마나 크고 넓은지, 얼마나 많은 사람이 다양한 생각을 하고 살아가는지, 생각과 삶이 어떻게 연결되어 있는지 알게 된다.

낯섦의 장소는 먼 나라에만 있는 것이 아니다. 나에게 익숙한 자리를 떠난 모든 곳이 여행지가 된다. 아이의 매일이 낯선 탐험과 여행으로 채워지면 생각 재료도 풍부히 모을 수 있다. 가게에 다녀오라고 심부름을 시키는 것, 잠시 혼자 있어 보게 하는 것, 엄마 없이 놀이터에 나가 보는 것, 어제와는 다른 도서관을 가보는 것, 스스로 책을 대출하고 반납해 보는 것, 밥을 지어보는 것 등 일상에서 아이가 해보지 않는 일을 경험하게 해보자.

이탈리아의 의사이자 교육가인 몬테소리는 '교육이란 어린이들에게 지식을 가르치는 것이 아니라 어린이들의 흥미와 발달을 존중하고 학습하고자 하는 자연스러운 욕망을 길러주는 것'이라고 했다. 몬테소리의 교육은 개인의 자발성과 자기통제자기조절에 기반을 두고 있다. 즉, 일상생활 경험을 통해 아동의 전인격적 발달을 돕는다. 몬테소리 교육을 현실적으로 설명하면 안전하고 완전한 일상생활에서 자기가 어떻게 해야 할지 생각하고 결정하고 실행하는 경험을 통해 내적 역량을 스스로 개발시켜 나가는 것이다.

지금 우리 아이들에게 절실히 필요한 것은 더 많은 지식을 주입하는 교육이 아니라 자기 일상생활을 건강하게 영위하기 위한 자발성과 자기조절에 기반한 전인격적 발달 교육이다. 아이들은 학교나 학원에서 지식을 배우지만 자발성과 자기조절력과 같은 내적 역량은 일상생활 속에서 자연스럽게 배운다. 일상생활에서 다양하고 새로운 경험을 통해 문제해결력, 사고력, 자기조절력, 호기심, 몰입력 등의 다양한 욕구를 느끼고 발현하며 스스로 성장시킨다.

모방은 창조를 연습하는 훈련

생각의 네 번째 재료는 모방이다. 독서하고 대화하며 경험을 쌓아 생각 재료를 충분히 모으고 다른 사람의 생각을 읽어보게 하는 것은 전부 모방을 위해서다. 창조는 나라를 부강하게 하고 역사를 새롭게 한다. 그 창조를 낳는 어머니가 바로 모방이다. 모방은 다른 것을 본뜨거나 본받아서 자신의 생각이나 새로운 것으로 연결시키는 활동이다.

미술 작품을 모방하며 화가의 생각을 읽어내면 예술과 삶의 연결점을 찾을 수 있고, 발명품을 모방하며 창작자의 생각을 읽어내면 사람과 자연의 연결점을 찾을 수 있다. 완성된 결과물을 그대로 따라 하기만 하고 나만의 연결점을 더하지 못하면 제대로 된 모방이 아니라 '짝퉁'을 만드는 길이다. '이것'과 '저것'을 연결하여 ‘새로운 것’을 발견해야 한다.

초등학교에 다니는 아이들과 하브루타 수업을 할 때 의견을 물어보면 “생각이 안 나요”라고 답하는 아이가 꼭 있다. 그럼 나는 친구의 생각을 먼저 들어보는 시간을 주고 생각을 모방하도록 돕는다. 친구의 생각을 모방하다 보면 자기만의 생각이 떠오르기 때문이다. 친구의 생각을 듣고 자기의 생각을 새롭게 만들어내는 것은 창조를 연습하는 과정이다. 처음부터 위대한 창조는 없다. 작은 창조가 모여 위대한 창조를 탄생시킨다. 생각을 모방할 줄 아는 아이가 창조적인 생각을 발견한다.

생각 재료가 많은 아이로 기르고 싶다면 독서와 대화, 경험과 모방을 할 수 있는 시간을 주어야 한다. 아이가 가진 생각 재료만큼 아이의 미래가 자라고 대한민국의 미래가 열린다. 지식의 양이 아니라 생각 재료가 핵심이라는 점을 꼭 기억하기 바란다.

상황 판단력과 문제 해결력을 기르는 '요구'

언니랑 똑같이 사달라는 아이

똑똑한 아이보다 똑똑하게 요구하는 아이로 키워야 한다. 똑똑하게 요구하려면 자기 생각을 가지고 논리를 토대로 구체적으로 말할 수 있어야 한다. 즉 상황을 판단하는 힘과 문제를 해결하는 힘이 필요하다. 하지만 어른들은 아이가 무엇을 요구하면 버릇없다거나 당돌하다고 표현한다. 예의 있게 요구하는 방법을 가르치지는 않고 무례하다고 지적한다.

한편 아이의 요구를 무조건 들어주려다가 고민에 빠지기도 한다. 자기 요구가 강한 둘째 아이를 기르고 있다며 상담을 신청한 엄마가 있었다. 옷을 사러 갈 때마다 둘째가 "나도 언니랑 똑같이 사줘"라고 하는데 공평하게 키워야 할 것 같아 그렇게 했더니 돈이 너무 많이 든다는 하소연이었다.

공평이란 똑같은 옷을 똑같이 사주는 것이 아니라 각자에게 필요한 옷을 사주는 것이다. 언니가 옷을 샀지만 동생은 신발을 살 수도 있고, 엄마는 모자를 샀지만 아빠는 아무것도 사지 않을 수도 있다. 그래도 모두가 필요한 물건을 얻었다면 불공평한 일이 아니다.

공평이라는 개념을 잘못 배우면 자기만 아는 이기적인 아이로 키우게 된다. 부모가 맥주를 마신다고 아이도 마시지는 않는다. 형이 한 대 맞았다고 동생도 한 대 맞으라는 법은 없다. 때로는 불만이 있겠지만 각자가 처한 상황과 역할에 맞추는 것이 진짜 공평한 처사다.

그런데 앞선 사례에서 엄마는 아이의 요구를 무조건 들어주느라 경제적 부담을 느끼고 있었다. "언니랑 똑같이 사줘"라는 말은 요구가 아니라 욕구 표현인데 두 가지를 구분하지 못한 결과다.

요구와 욕구 표현

요구하는 것과 욕구를 표현하는 것에는 차이가 있다. 원하는 것을 그냥 말하면 욕구 표현이지만 여기에 이유가 붙으면 요구가 된다. 나는 아이가 어릴 때부터 무엇을 요구할 때 바로 들어주지 않고 이유를 말하도록 했다. 원하는 바를 머리로 생각해 구체적으로 요구하게 하여 문제 해결 과정을 경험할 수 있게 한 것이다. 아이가 여섯 살 때 일이다. 아이는 자기를 미술 학원에 보내달라고 요구했다.

엄마 | 미술 학원에 다니고 싶은가 보구나. 우리 딸이 그림으로 표현하는 걸 좋아하지. 미술 학원에 가고 싶다고 말해줘서 고맙다. 말해준 덕분에 네 마음을 알 수 있었어. 그런데 미술 학원에 다녀야 하는 이유가 없으니 왜 보내줘야 하는지 모르겠네.

아이 | 친구 ○○이랑 □□가 다녀.

엄마 | 친구들이 다니니까 가고 싶다는 마음은 이해가 된다. 그런데 ○○이가 자기 집으로 가면 너도 그 집으로 따라가서 살 거니? 그 이유는 엄마를 이해시키기에 부족해. 다른 이유가 생기면 언제든 엄마에게 말해줘.

이렇게 미술 학원 1차 요구가 끝났다. 며칠 뒤 같은 이야기가 시작되었다.

아이 | 엄마, 미술 학원에는 재미있고 신기한 미술 재료가 많대!

그동안 친구들에게 미술 학원에 대한 조사를 벌인 모양이다.

엄마 | 신기한 미술 재료는 집에도 많잖아.

어릴 때부터 재활용으로 나오는 온갖 물건을 커다란 미술 바구니에 넣어주는 방법으로 아이의 창의성과 자율성을 키우고 있었다.

아이 | 미술 학원에 있는 재료랑 집에 있는 재료랑 달라.

엄마 | 그렇구나. 엄마가 몰랐네. 무엇이 다른지 구체적으로 얘기해 줄래?

아이 | 그건 몰라.

엄마 | 아쉽네. 알게 되며 다시 말해주면 좋겠다.

이렇게 미술 학원 2차 요구가 끝났다. 1차와 2차 과정에서 아이의 변화된 점을 알아차렸는가. 막연했던 미술 학원에 대해 친구들에게 물으면서 자세히 알게 되고, 점점 구체적이며 논리적인 이유가 따라붙기 시작했다. 엄마가 '된다' '안 된다'고 결정하고 아이는 따르기만 하는 생각의 노예가 아니라 생각의 주인으로 행동하고 있다. 다시 며칠 뒤 아이가 이어서 요구했다.

아이 | 엄마, 미술 학원에는 반짝이도 있고 예쁜 재료가 많은데 집에는 쓰던 거만 있잖아.

엄마 | 그러네. 미술 학원에 있는 재료는 돈 주고 사는 예쁜 재료들이고 집에 있는 물건은 돈을 안 써도 되는 재료들이네. 그런데 혹시 미술 학원에서 사용하는 재료는 공짜로 사용하는 것이 아니라 매월 학원비랑 재료비를 내고 사용해야 한다는 사실을 알고 있니?

아빠가 열심히 일해서 월급을 받는다는 사실과 돈을 쓸 때는 여러 번 생각하고 꼭 필요한 곳에만 써야 한다는 경제 교육을 해왔다. 평소에도 지출하기 전 타당한 이유를 말하도록 하고 있었다.

아이 | 그래도 미술 학원에 다니고 싶어.

엄마 | 엄마 생각에는…….

미술 학원의 장점과 단점에 대해 이야기했다. 엄마가 결정을 내리거나 생각을 주입하지 않도록 주의하며 대화한 후 다음처럼 이어서 말했다.

네가 꼭 다녀야 하는 이유를 아빠 오시면 말씀드려보자.

엄마 의견을 말해 아이로 하여금 무엇을 생각해야 하는지 재료를 주었고 다시 한번 생각해 볼 기회를 제공했다. 아빠의 권위를 세워 주기 위해 최종 결정은 아빠가 한다는 의미로 이렇게 말했다.

여섯 살 아이와 미술 학원에 대해 이야기하면서 어른인 내가 대신 결정해 주는 것이 아니라 아이 스스로 생각하고 원하는 것을 구체적으로 요구하도록 했다. '애들은 어려서 잘 몰라'라는 생각은 어른들의 착각이다. 아이도 생각이 있으며 그 생각을 키우는 것이 부모의 역할이다.

아이는 결국 미술 학원에 가지 않겠다고 스스로 결정했다. 집에 있는 재활용 재료를 이용해 창의성과 자율성을 길렀고, 학원에 다니지는 않았지만 학교에서 만들기와 꾸미기 같은 미술 활동에 소질을 보인다는 선생님의 평가를 받아왔다.

민주적인 가정 환경

아이들은 생각하지 않고 허락을 받거나 요구하는 내용 없이 질문하는 경우가 많다. 예를 들자면 다음과 같다.

- 생각하지 않고 허락받기

: "이거 해도 돼?" "먹어도 돼?" "놀아도 돼?"

- 요구 내용이 없는 묻기

: "이게 뭐야?" "뭐 먹어?"

아이가 "이거 해도 돼?"라고 물을 때 부모가 된다거나 안 된다고 반응하는 것은 아이에게 요구하는 기회를 훔치는 것이다. 아이가 이렇게 물을 때는 "그건 너 자신에게 물어보렴. 네가 결정할 일이구나"라고 반응해 주어야 한다. 나는 이렇게 일러준다.

"해도 되는지 안 되는지는 너에게 물어보렴. 엄마가 결정한 대로 따르기만 하면 넌 엄마의 노예가 돼. 판단이 잘 서지 않을 때는 엄마에게 질문해. 그럼 결정해 줄 수는 없지만 엄마 생각을 말해줄 수는 있어."

엄마가 아이의 바람을 읽고 알아서 척척 해주기보다 아이가 요구할 때까지 기다려주고 더 구체적으로 말하도록 기회를 준다. 구체적으로 요구하는 습관이 들면 부모와 자녀의 관계도 좋아진다.

요구한다는 것은 자기 의견을 말한다는 것이다. 서로의 의견을 교환하면 그다음에는 조율하는 과정이 따라온다. 부모가 일방적으로 명령하는 가정이 많지만, 요구하는 습관을 들이면 민주적인 가정이 된다.

하루는 아이가 클레이 점토를 사달라고 요구했다. 알았다고 하고 문구점에 갔다. 아이는 색깔별로 골라 바구니에 담았다. 나는 다섯 가지 이상은 안 된다고 했다. 모두 다 사면 총액이 꽤 커지는데 아이가 소비하기에는 큰돈이라고 판단을 했기 때문이다. 아이가 가격을 고려하지 않고 물건을 바구니에 담는 모습에 무분별한 소비를 가르치지는 않아야겠다고 판단했다. 그러자 아이는 사준다고 해놓고 다섯 개만 고르라는 말에 불만이 생겨 툴툴거리고 나는 그런 아이의 행동이 못마땅했다. 갈등이 깊어지고 관계가 나빠지기 시작한다. 그래서 이때부터 서로의 요구를 구체적으로 전달해 의견을 조율하기로 했다.

아이 | 엄마, 클레이 다 썼었어. 새로 사줘.

사고 싶은 욕구를 말할 뿐 구체적 요구가 빠져 있다.

엄마 | 모든 클레이를 다 썼다는 거니? 몇 개를 사야 하는지 숫자로 이야기해 줄래?

구체적으로 요구할 기회를 준다.

아이 | 빨강, 파랑, 하양은 다 써서 없고, 노랑은 손가락만큼 남아서 더 사야 해. 네 개가 필요해.

문구점에서 대화가 이어진다.

아이 | 엄마, 초록은 생각 못 했는데 지금 떠올려보니 그것도 필요해.

엄마 | 초록색이 왜 필요한데?

아이 | 내가 애벌레 만들 건데 애벌레는 나뭇잎을 좋아하니까 초록색이 필요해.

아이는 구체적으로 요구할 기회를 가졌고 엄마도 과도한 소비에 대한 염려를 놓았다. 서로의 요구와 의견은 있지만 갈등이 없으니 민주적인 가정 환경이다. 아이에게 요구를 하라는 것은 의견을 내세우기만 하지 말고 서로 의견을 말하고 조절하는 과정을 거치자는 의미다. 그리고 중요한 포인트가 하나 남아 있다. 아이에게만 요구하라고 시키지 말고 부모가 아이에게, 남편이 아내에게, 아내가 남편에게 말할 때도 구체적으로 요구하는 모습을 먼저 보여주어야 한다.

요구를 방해하는 요인

아이들이 "이게 뭐야?" "뭐 먹는 거야?"라고 물어보면 부모는 아이의 눈빛만 보고도 의중을 척척 파악해서 "이거 줄까?"라고 답한다. 이런 잘못된 사랑법이 요구할 기회를 주지 않는다. 아이가 "이게 뭐야?"라고 물을 때는 "이게 무엇인지 몰라서 알고 싶은 거니? 먹고 싶다는 얘기니? 아니면 어디서 났는지 궁금한 거니?"라며 아이의 요구를 자세히 풀어주고 요구는 구체적으로 해야 함을 알려주어야 한다. 자녀가 요구하지 않아도 알아서 다 해주는 부모의 과보호적인 양육 방식은 피터팬 증후군의 원인되기도 한다.

피터팬은 동화 속에 나오는 인물로, 몸은 다 컸지만 마음은 유약하고 덜 성숙했으며 순진하고 현실 도피적인 캐릭터다. 미국의 임상 심리학자 댄 카일리Dan Kiley는 몸은 어른이지만 어른의 세계에 끼지 못하는 '어른아이'가 늘어나는 사회 현상을 반영해 피터팬 증후군Peter Pan syndrome이라 이름 붙였다. 피터팬 증후군이란 성인이 되어서도 현실을 도피하기 위해 스스로를 어른임을 인정하지 않은 채 타인에게 의존하고 싶어 하는 심리나 행동을 뜻한다. 피터팬 증후군이 있는 사람들은 책임감이 없고, 항상 불안해하며, 쉽게 현실에서 도망쳐 자기만의 세계에 빠져드는 경향을 보인다고 한다.

우리나라에는 평생을 자녀 주위를 맴돌며 자녀의 일이라면 무엇이든지 발 벗고 나서며 자녀를 과잉보호하는 엄마를 지칭하는 '헬리콥터 맘'이 있다. 헬리콥터 맘이 바로 피터팬 증후군의 원인이 되는 과보호적인 대표적인 예이다. 부모는 자녀가 원하는 것을 얻으려면 요구할 줄도 알고, 어느 정도의 실패와 좌절은 피할 수 없다는 현실을 자녀가 받아들일 수 있는 환경을 만들어 주어야 한다. 그래야 자녀는 실제 현실에서 자신이 할 수 있는 한 최선을 다하는 어른으로 자랄 수 있다.

만약 아이가 먹고 싶어서 하나 달라고 하는 것이었다면 "나도 먹고 싶어. 두 개만 줘"라고 구체적으로 표현하도록 알려주어야 한다. 아이가 구체적으로 요구할 때까지 다시 되물어주면 스스로 자기가 요구하는 것이 무엇인지 구체적으로 찾게 된다. 요구하는 행위 하나에 생각과 논리, 자율과 판단, 안전은 물론 생각의 주인이 된다는 큰 교육적 효과를 거둘 수 있다.

'어떻게' 잘하라는 것인지 말하라

아이들에게는 요구하는 법을 보고 배울 수 있는 모델이 없다. 평상시 어른들도 구체적인 요구를 하고 있지 않기 때문이다. 부모들은 두루뭉술하고 추상적인 요구를 더 많이 한다. "사이좋게 놀아라" "정리 좀 해라" "잘해라" "열심히 해라" 등의 말이 그렇다. 여기에는 어떻게 하라는 구체적 내용이 빠져 있는데, 이는 갈등의 원인이 된다.

만일 부모가 형에게 동생을 잘 데리고 놀라고 요구했다면 어떨까. 형은 친구랑 마음껏 어울리고 싶은데 동생을 챙겨야 해서 싫었지만 일단 옆에 붙어 다니면서 친구랑 논다. 그런데 동생은 형이 친구랑만 놀고 자기랑 놀아주지 않는다며 울어버린다. 이런 상황에서 엄마는 형을 나무란다. 형은 잘 데리고 놀았다고 생각하기 때문에 억울한 마음이 든다. 엄마가 밉고 자기가 혼나게 한 동생도 밉다. 엄마에게 감정이 격해진 형은 자기보다 힘없는 동생을 공격하기도 한다.

잘 데리고 놀라는 말보다는 동생과 직접 놀아주라거나, 같은 공간에서 지켜보라거나, 안전하게 보호하라거나, 혹은 동생이 원하는 것을 모두 들어주라는 식으로 설명해야 한다. 물론 그 전에 부모가 자식 잘 키우기 힘든 것처럼 동생을 잘 데리고 노는 것이 어려운 과제라는 점을 알아주어야 한다.

말 잘 들으라는 가르침 대신……

어른 말이라면 무조건 믿고 따라야 한다는 사고방식 또한 아이들의 정당한 요구를 막는다. 이는 일종의 논리적 오류다. 부모 세대는 어른과 전문가, 특히 선생님 말씀을 잘 들어야 착한 아이라는 말을 듣고 자랐다. "학교 가면 선생님 말씀 잘 들어라"는 이야기는 수업에 집중하라는 뜻이기도 하지만 '선생님 명령을 그대로 따라야 한다'는 의미로도 읽힌다.

그런데 요즘 들어 아이들에게 더 이상 침묵을 가르쳐서는 안 된다는 점을, 아이들이 정당하게 요구할 줄 아는 사람으로 커야 한다는 점을 절실히 느낀다. 세상에는 이미 위험한 일이 너무 많다. "어른 말씀 잘 들어야 한다"는 가르침이 아이의 안전을 위협하는 말이 되기도 한다. 낯선 어른이 묻는 말에는 대답하면 안 되고, 부탁도 절대 들어주면 안 된다. 맛있는 사탕을 줘도 받지 말고, 몸에 함부로 손을 대면 성추행을 의심하라고 교육시킨다. 안전을 위해서 어른을 무조건 믿지 말고 경계하라는 인식을 아이들에게 주고 있다. 사회가 개인의 안전을 보장해 준다는 믿음이 낮아졌기에 부모는 자식의 안전을, 아이들은 자신의 안전을 확보해야 한다.

자기 몸은 자기가 지킬 수 있도록 하는 좋은 방법 중 하나가 구체적으로 요구하게 하는 것이다. 아들딸 가리지 않고 가장 걱정스러운 범죄를 꼽으라면 성추행 혹은 성폭행이 있다. 교사나 이웃 어른처럼 가까운 사람이 가해자로 돌변한 뉴스를 접할 때면 한창 자라고 있는 아이가 늘 염려된다. 그래서 아이에게 학교 선생님일지라도 어두운 곳으로 심부름을 보낸다면 "안 할 거예요"라고 당당히 말하라고 가르쳤다. 이웃 아저씨나 아는 어른이 몸을 만지면서 예뻐하거나 사람 없는 곳으로 심부름을 시켜도, 함께 가자고 해도 "싫어요"라고 당당히 말하고 그 자리를 얼른 피하라고 일러주었다.

아이가 초등학교 2학년에 다니던 어느 날, 놀이터에서 놀다가 숨을 헐떡이며 급히 들어와서는 "위험한 상황이라 들어왔어"라고 한다. 자초지종을 들어보니 점잖게 옷을 차려입은 남자가 자기에게 다가와 말을 걸었는데 신사처럼 변장하고 자기를 해칠 것 같아서 대답도 안 하고 뛰어 들어왔다고 했다. 자기의 안전을 위해 스스로 생각하고 대처한 아이의 행동에 격려를 해준 후 아이의 생각이 궁금해서 대화를 나눠보았다.

엄마 | 왜 변장을 했다고 생각했니?

아이 | 아빠처럼 신사 옷을 입은 사람들은 회사에 있어야 하잖아. 회사에 있지 않고 놀이터에서 아이들에게 말을 거는 모습이 수상해.

또 다른 날에는 놀이터에서 처음 보는 사람이 이름을 물었는데 "말하고 싶지 않아요"라고 대답하며 얼른 자리를 피해 아이들이 많은 곳으로 옮겼다고 했다. 평상시 어른 말씀이라고 다 옳을 수는 없으며 무조건 따라야 하는 것은 아니니 옳고 그른지 스스로 생각하고, 판단이 서지 않을 때는 정중하게 자기 생각을 말하며 공손하게 요구할 줄 알아야 한다고 가르쳤다. 어른은 아이보다 힘이 더 강하니 일단 자리를 피하는 것도 안전을 지키는 방법 중 하나라고 교육했다.

유치원 원감으로 근무할 때 원아들의 가방이나 출석 수첩에 이름과 주소를 노출시키지 않도록 했다. 가방에 이름이 잘 보이도록 이름표를 달고 다니거나 출석 수첩에 개인 주소를 자세히 기록해 두는 것은 아이의 안전을 지키는 데 바람직하지 못하다. 아이들은 처음 보는 사람이라도 자기 이름을 부르면 '나를 아는 사람이구나'라고 착각한다. 엄마가 잠시 자리를 비운 사이 아이의 이름을 부르며 "엄마한테 데려다줄게"라고 하면 손을 잡고 따라나선다. 평소에 생각하는 능력과 요구하는 능력을 키워주면 "제 이름을 어떻게 아세요?"라거나 "엄마 금방 오실 거예요" "싫어요"라고 대처하며 자신의 안전을 지키는 능력도 함께 커진다.

'왜'라고 묻지 않는 아이들

초등학교 2학년 아이들과 생각을 키워주는 하브루타 수업을 하며 '코끼리를 죽이는 방법'을 주제로 삼았다.

① 한 번 찌르고 죽을 때까지 기다린다.

② 죽을 때까지 바늘로 계속 찌른다.

③ 죽기 직전에 한 번만 찌른다.

아이들에게 이 중 하나를 선택하고 근거를 말하게 하였다. 수업 내용을 들은 아이들 눈이 동그래지고 의아한 표정으로 친구들끼리 눈빛을 교환한다. 작은 중얼거림으로 "죽이는 건 싫다. 왜 죽여야 하지?"라고 말하는 아이도 있지만 교사의 지시에 따라 수업에 열심히 참여한다.

아이들에게 "오늘 수업 내용에 대해 어떻게 생각하니?"라고 물으니 어리둥절 한다. 조금 더 직접적으로 "오늘 수업 내용이 좋은 내용이라고 생각하니, 나쁜 내용이라고 생각하니?"라고 질문했다. 수업에 참여한 모든 아이가 한결같이 답한다.

"죽이는 방법보다 살리는 방법을 찾아야 돼요."
"생명은 소중하니까 죽이라고 하면 안 돼요."
"코끼리를 죽이는 건 사람을 죽이는 것처럼 나빠요."

이렇게 똑 부러지는 생각을 가지고 있으면서도 아이들은 선생님의 말씀을 잘 들었다. "그런데 너희는 왜 자기 생각을 말하지 않고 어떤 방법으로 죽일지 골랐니?"라고 다시 질문했다.

"선생님 말씀을 잘 들어야 하니까요."
"선생님이 하라고 하니까요."
"선생님이 시키는 대로 안 하면 혼나니까요."

평범한 대답이다. 평상시 구체적으로 요구하는 생활이 몸에 배었다면 아이들은 이 이상한 수업에 대해 자기 의견을 말할 수 있었을 것이다. 이날 수업의 목표는 코끼리를 죽이는 방법을 골라 근거 있게 말하는 능력을 키우는 것이 아니라 스스로 옳고 그름을 생각하고 질문을 던지거나 자신의 생각을 요구할 수 있도록 하는 데 있었다.

위험한 상황에서 옳고 그름을 판단하고 헤쳐 나가는 능력은 일상 속 작은 경험을 바탕으로 자란다. 부모의 지시에 묵묵히 따르며 말 잘 듣는 아이보다 당당하게 요구할 줄 아는 아이가 똑똑하고 바른 아이로 성장하는 법이다.

날개를 단 아이는 어디로든 날아갈 수 있다

부모라는 내비게이션

자유의 사전적 의미는 구속에 얽매이지 않고 자기 의지대로 할 수 있는 상태다. 자녀를 자유로운 아이로 기르겠다는 말은 자기 마음대로 할 수 있는 아이로 키우겠다는 뜻이니 부모는 자유가 아니라 자율적인 아이가 되도록 가르쳐야 한다. 자율은 타인의 지배나 구속을 받지 않고 자신의 원칙에 따라 스스로를 통제하는 일이다.

자유와 자율은 모두 외부의 구속이나 지배를 받지 않는다는 공통점을 가지고 있지만 자율에는 자신의 원칙이 있고 그 원칙 안에는 도덕적인 개념이 포함되어 있다는 차이가 있다. 자유로운 아이보다 자율성 있는 아이로 키워야 한다고 했지만, 자율을 위한

'자기 스스로의 원칙'은 성장하며 사회적 경험을 통해 만들어지는 것이다. 그러니 나이가 어릴 때는 자유로운 상태일 수밖에 없다.

자율성 있는 아이로 키우기 위해서는 먼저 생각이 마음껏 돌아다닐 수 있도록 자유부터 허락해야 한다. 그런데 자유로워야 할 아이의 여정에 가장 큰 방해물은 부모와 교사라는 내비게이션이다. 옛날에는 길을 찾을 때 지도와 이정표를 보거나 방향이나 주위 환경을 읽고 주변 사람들에게 물었다. 요즘은 내비게이션이 아주 친절하게 목적지로 데려다준다. 지도와 내비게이션의 가장 큰 차이는 무엇일까. 신속성과 편리함이다. 이제는 내비게이션이 알려주는 대로 움직이기만 하면 되니 따로 생각하지 않아도 된다.

통제받는 아이들

아이들의 생각에는 부모와 교사가 인간 내비게이션 역할을 해준다. 옛날처럼 시간이 걸려도 지도를 펼쳐 들고 주위 환경을 둘러보며 자유롭게 길을 찾아야 하는데 가정에서는 부모가, 학교와 학원에서는 교사가 아이들의 생각을 끌고 다닌다. 아이들은 타인의 안내에 익숙해져 스스로 생각할 필요성을 잃어버리고 내비게이션이 잠시라도 작동하지 않으면 불안을 느끼기도 한다.

그런데 자동차 내비게이션은 길을 잘못 들어도 친절하게 다시 알려주지만 부모와 교사는 아이들이 잘못했을 때 화를 내거나 훈육이라는 이름으로 혼을 낸다. 아이들은 어른 말을 최대한 집중해서 듣고 다른 길로 가지 않으려 노력하거나 혹은 어른의 안내를 무시하는 선택을 내린다.

나는 유치원 교사들의 수업 방식을 관찰하고 컨설팅해 주는 일을 여러 해 동안 하면서 교사들이 얼마나 친절한 내비게이션이 되려고 노력하는지, 그리고 아이들이 교사에 의해 얼마나 통제받고 있는지 관찰했다. 유치원에 다니는 아이들에게 신체 활동은 본능이며 발달에 긍정적 영향을 주는 요소다. 하지만 부모들이 좋아하는 영어, 과학, 미술 등 특별 수업이 편성되고 활동 결과물을 가정으로 보내야 하기 때문에 학습지 형태의 수업이 진행될 수밖에 없다. 교사가 이끄는 대로 아이가 따라오지 못하면 불호령이 떨어지기도 한다. 아이들은 스스로 생각을 움직이지 않고 "이거 해도 돼요?"라고 물어서 허락받는 습관이 붙는다.

아이들은 내비게이션의 안내에 따라 신속하고 정확하게 움직이기보다는 저마다의 방식으로 자유롭게 생각의 지도를 그려보도록 해야 한다. 아이들의 생각에 자유를 허락해야 한다. 그 방법으로는 경험을 쌓게 하는 것, 여유를 즐기게 하는 것, 그리고 집안일에 참여하는 것이 있다.

느리게 걸어야 보이는 것

동화 작가 이노우에 마사지의 《하나라도 백 개인 사과》에는 같은 사과라도 누가 보는지에 따라 다른 생각을 한다는 내용이 나온다. 농부는 농부의 경험으로 사과를 생각하고 화가는 화가의 경험으로 사과를 생각한다. 사람은 경험에 의해 모두 다르게 생각한다는 뜻이다. 아이가 다양한 경험을 한다면 그만큼 다양한 생각을 할 수 있게 된다. 또한 다양한 생각을 연결하며 창의성이 있는 아이, 즉 생각이 자유로운 아이로 자란다.

내비게이션의 안내가 사라져 천천히 길을 걸을 여유가 생긴다면 눈앞에 보이는 모든 것이 생각 재료가 될 수 있다. 학교 앞에서 만난 방아깨비를 관찰하고 비 오는 날 살금살금 기어 나온 지렁이를 관찰하며 아이의 생각은 움직인다.

하루 종일 책만 본다고 그 내용을 다 이해하는 것이 아니라는 사실을 부모도 알고 있다. 그런데 왜 우리는 아이에게 많은 시간을 책 보는 데 쓰라고 지도할까. 나는 글을 쓰거나 강의를 준비할 때 아이디어가 떠오르지 않으면 잠시 일어나 휴식을 하거나 산책을 나간다. 그럼 곧 생각이 거품처럼 일어나는 현상을 자주 경험한다. 아르키메데스Archimedes도 금의 순도를 측정하는 문제를 두고 답을 찾지 못하다가 목욕을 하려고 몸을 물에 담그고는 “유레카!”를 외쳤다. ‘유레카’는 찾았다, 발견했다는 뜻이다. 아이에게도

'유레카'를 외칠 수 있는 여유가 필요하다.

집안일도 훌륭한 교육

스스로 생각을 움직일 수 있도록 하려면 집안일에도 참여해야 한다. "너는 공부나 해. 엄마가 다 알아서 해줄게"가 아니라 가족의 일원으로서 해야 할 일을 주고 즐길 수 있도록 하는 것이다. 집안일은 노동이 아니라 역할이다. 아이에게 학생의 역할만 강요하고 있지는 않은가. 학생이 해야 할 일은 공부만이 아니다. 공부는 그중 하나일 뿐이며 공부 외에도 휴식을 하거나 친구와 놀며 집안일을 통해 사회생활을 미리 겪어보기도 해야 한다. 지식을 선행 학습할 시간을 줄이고 사회생활을 선행 학습할 기회로 집안일에 참여시켜서 생각을 자라게 하자.

미국 미네소타대학교 마티 로스만Marty Rossman 교수는 어린이 84명의 성장 과정을 추적 조사했는데, 어린 시절 집안일을 도우며 성장한 아이가 학문과 직업에서 더 성공했다는 결과를 얻었다. 집안일은 아이에게 통찰력, 책임감, 자신감은 물론 수학적 사고와 문제해결력을 키운다는 분석이다. 이래도 전문가 이야기는 믿지 않고 옆집 엄마가 알려주는 학원가 소문과 카더라 뉴스에 휘둘려 아이를 집안일 하나 거들 수 없을 만큼 바쁘게 사교육으로 내몰 것인가.

자기 방 청소, 자기 밥그릇 치우기, 빨래 개기, 신발 정리, 화분에 물 주기, 작은 심부름, 분리수거 함께하기 등 아이가 참여할 수 있는 집안일은 아주 많다. 처음에는 아이가 서툴기 때문에 부모의 일거리가 더 늘어나기도 한다. 그래도 지속적으로 집안일을 시켜야 한다. 그럼 아이도 곧 능숙해진다. 사회는 단순 지식을 더 많이 암기하고 있는 사람이 아니라 문제 해결 능력이 있는 인재를 원한다.

나도 아이가 아주 어린 시절부터 일부러 심부름을 시키고는 했다. 기저귀를 사용할 때는 자기 기저귀를 스스로 가지고 오라고 하고 기저귀를 갈고 나면 쓰레기통에 넣도록 하였다. 여섯 살 무렵에는 혼자 가게에 가서 물건을 사 오도록 했는데, 두부나 쓰레기봉투같이 가벼운 5,000원 미만의 물건을 부탁했다. 심부름을 시키기 위해 당장 필요하지 않아도 주기적으로 사다 달라고 말했다. 처음에는 두려워하며 걱정하기에 "이건 잘하기 위해서 하는 것이 아니야. 엄마처럼 물건 사기 놀이를 하는 것이니까 잘못하든 실수하든, 아니면 못 하고 다시 돌아오든 다 괜찮아"라고 말해주었다.

아이가 학년이 올라갈수록 자기 방 청소, 자기 물건 정리정돈, 자기 옷 정리, 화장실 청소, 설거지 등 스스로 할 수 있는 일들을 부분적으로 조금씩 늘려서 하게 했다. 초등학교 고학년부터는 볶

음밥, 파스타 같은 간단한 요리를 직접 하기도 했다. 어릴 때부터 집안일에 참여하다 보니 자기 일상에서 나타나는 대부분의 문제를 스스로 해결하려고 시도하며 책임감 있게 행동한다. 사춘기의 절정기인 중학교 생활에서도 적극적으로 참여하며 다양한 경험을 즐겼고, 학급이나 동아리 활동에서 발생하는 소소한 문제들도 책임을 다해 해결하려 노력한다는 교사들의 자자한 칭찬이 있었다.

"아휴, 저는 우리 애 못 가르쳐요"

미국 철학자 마사 누스바움Martha Nussbaum은 "교육이 아이를 생각하는 시민이 아니라 이윤 창출 도구로 만든다"며 경고했다. 나는 이 경고를 빨리 받아들여야만 교육이 살고 나라가 산다고 생각한다. 교육은 아이를 생각하는 사람으로 길러내는 일이어야 한다. 10세 이전에는 생각이 자유롭게 돌아다니게 하여 생각을 즐기도록 해야 바른 교육이다.

부모들은 전문가가 있는 사교육 기관에 아이를 맡기면 좀 더 체계적으로 배울 것이라고 생각한다. 아이에 관한 최고 전문가는 부모다. 아이의 평생 교사도 부모다. 전문 지식은 학교에서 배우는 것만으로 충분하다. 살아가는 데 필요한 나머지 모든 것은 부모와 함께 터득해야 한다. 아래 목록을 살펴보자.

- 책 읽기
- 산책하기
- 운동하기
- 여행하기
- 빈둥빈둥 여유 부리기
- 공부나 일과 관련 없는 취미생활 가지기
- 문화 공연 즐기기
- 백화점이나 시장 쇼핑으로 유행을 관찰하고 경험하기
- 사람이 많은 곳으로 가서 다른 사람을 관찰하기
- 세상 돌아가는 일에 관심 가지기
- 경험이 많고 지적 수준이 높은 사람과 대화하기

부모가 아이와 함께 해야 할 활동들이다. 혹시 어렵다고 느껴지는가? 막상 어려운 일은 하나도 없는데 하지 못할 이유만 찾고 있는 것은 아닌가? 부모들을 만나 상담하다 보면 가장 흔히 보이는 반응이 "못할 것 같아요"다. 왜 못할지 증명하기 위해 온갖 이유를 댄다. 부모가 아무것도 하지 않으면 아이에게 아무 변화도 일어나지 않는다고 조언해도 "선생님께 아이를 부탁드릴게요"라거나 "전문가를 소개해 주세요"라고 한다. 부모 머릿속에는 '중이 제 머리 못 깎는다고, 나는 내 자식 못 가르친다'는 고정관념이 심어져 있다. 생각을 바꾸지 않으면 변화는 없다. 못할 이유만 하나씩 늘어날 뿐이다. 이미 익숙해진 흐름에 몸과 마음을 맡기면 열린 태도로 새로운 상황을 받아들이지 못한다.

생각이 자유로우면 세상에 못 할 일이 없다. 단지 모든 일을 하지는 않을 뿐이다. 언제나 내가 하고 싶은 일을 하니 즐겁다. 생각이 돌아다니면 몸은 생각을 따라 움직인다. 누군가의 명령과 지시에 따라 조종당하는 삶은 기계와 다를 바 없다. 한 사람의 생각이 수만 명의 삶을 움직이기도 한다. 아이들에게 생각을 돌려주는 일, 생각하는 힘을 키워주는 일이 부모에게 가장 큰 사명이다. 아이가 자율성 있게 자라는 것은 부모에게도 큰 행복이다. 생각에 자유를 허락하자.

'몰라요'만 하는 앵무새가 되지 않도록

침묵의 교실

수업 중 아이들에게 정답이 있는 질문을 던지면 서로 대답하려고 하다가도 의견을 말해보라고 하면 교실이 조용해진다. 1 더하기 1은 무엇이냐고 하면 모두가 2라고 답하지만 1 더하기 1이 왜 2가 되느냐고 물으면 갑자기 침묵이 찾아온다. 정답 찾기에 익숙해진 아이들에게 생각을 하라고 하는 것은 고역이다.

더 난감한 일은 "네가 생각할 수 있게 기다려줄게"라는 선생님의 친절이다. 생각이 없는데 생각을 기다린다니. 선생님과 친구들의 눈빛에 가슴이 쿵쾅쿵쾅 뛰기 시작한다. 교사는 아이를 배려한 것이지만 아이에게는 견딜 수 없는 순간이다.

아이들에게는 원래 생각하는 것을 즐기는 본능이 있었다. 모든 아이들은 백지상태로 태어나 틀이나 기준 없이 마음껏 상상의 나래를 펼칠 수 있는 능력자다. 아장아장 걷기 시작하는 아이들의 말과 행동은 어른들의 상상을 뛰어넘을 때가 많다. 그런데 유치원에 들어갈 나이만 되어도 아이들은 침묵하거나 '몰라요'라고 말할 때가 많다. 겨우 5~6년을 산 아이들의 머릿속에 무슨 일이 있었기에 모른다는 말이 입에 붙었을까.

정답은 입을 얼어붙게 한다

혹시 자녀가 '그냥요' '몰라요'라는 말을 자주 사용한다면 아이의 생각에 무슨 일이 일어났거나 일어나고 있는 중이라는 뜻이다. 대체 무슨 일이냐고? 말하지 않아도 부모들은 다 알고 있다. 아이가 본능에 가까운 무한한 능력을 잃어가 있다는 것을. 무엇이 그렇게 만드느냐고? 이것도 알고 있다. 정답을 강요하는 환경이라는 것을.

요즘은 교육에 노출되는 시기가 빨라져 상상할 수 있는 시간이 줄어들었다. 하나라도 더 가르쳐주고 싶은 부모의 노력이 아이들에게서 상상하는 즐거움을 빼앗는다. 본능적인 상상의 자유, 생각의 자유를 통제당한 아이들은 본능을 표출하기 위해 남이 만들어놓은 게임 속 공간에 빠져 가상과 현실을 착각하기도 한다. 아이들의 상상이 무한할 수 있도록 가만히 두기만 해도 생각이 행복하게 자랄 텐데…….

자꾸 무엇을 가르치려고 할수록 문제가 된다. 무엇을 가르쳐야 할지 잘 모르겠다면 차라리 가만히 두는 것이 더 낫다. 가르칠 때는 "그게 뭘까?"만 가르치지 말고 "그게 뭐가 될까?"도 함께 가르쳐야 한다. 예를 들어 단어 카드를 제시하고 "이것은 무엇일까?"라고 질문한다면 아이에게 정답을 묻는 것이다. 정답이 있는 문제를 맞히지 못하면 아이는 자신의 부족을 인식하고 자신감도 낮아질 수 있다.

하지만 "이것이 무엇일 될까?"라는 질문은 생각을 묻는 것이다. 아이들은 무엇이 될지 상상하느라 즐겁다. 정답이 없기 때문에 맞고 틀림이 없다. 무엇을 생각하고 말해도 자부심이 커진다. 생각하는 맛을 알게 된다. 직접 활동해 보면 어린아이일수록 어른들이 상상하지 못하는 생각을 꺼낸다. 연령이 높아질수록 어른들이 생각하는 것과 일치하는 답을 내놓는데, 이는 생각이 고정되어 간다는 의미다.

생각이 자본이니 생각이 큰 아이로 길러야 한다고 하는데, 그 전에 생각이란 과연 무엇인지 먼저 알아야 한다. '생각'이 무엇인지 개념을 바로 알지 않으면 생각을 즐기는 아이로 자라도록 도울 수 없다. 부모가 생각을 정답과 혼동하면 아이들의 생각은 성장을 멈춘다.

생각이 무엇인지 우선 아이들에게 물어보았다. "생각이 생각이지요"라고 답하는 아이들이 많았지만 한 아이는 "생각은 감정의 단짝 친구예요"라고 말한다. 행복한 감정이 마음 안에 있으면 행복한 생각들이 떠오르고 불행한 감정이 마음 안에 가득 차면 불행한 생각들이 떠오른다고 한다. 우리 머리는 생각이 살고 있는 집이란다. 어른 눈에는 어리기만 한 아이들이지만 이처럼 아이들이 더 옳을 때도 있다.

생각이 무엇인지 아이에게 배웠다. 생각이 행복하다는 것은 마음이 행복하다는 것이다. 반대로 마음이 행복하면 생각도 행복하다. 아이들의 마음이 즐거워지면 생각이 즐거워진다. 마음이 불행하면 불행한 생각이 떠오르니 마음이 행복을 선택할 수 있도록 해야 한다.

다른 사람이 되어버리다

두뇌 중 생각과 밀접한 연관을 지닌 부위가 있다. 전두엽이다. 두뇌 앞쪽에 있는 전두엽은 일을 관리하고 계획을 잡고 여러 대안을 평가하고 합리적으로 의사를 결정할 수 있도록 움직인다. 이 전두엽은 18~21세가 되어야 성숙하게 된다. 그러니 10대는 충동적으로 행동하고 아무 계획 없이 빈둥대기도 하는 것이다. 부모는 아이들의 두뇌 발달을 이해하면서 전두엽이 잘 자랄 수 있도록 도와야 한다.

전두엽과 성격의 상관관계를 보여준 이가 있다. 피니어스 게이지Phineas Gage라는 이름의 철도 회사 직원이다. 그는 바위틈에 폭발물을 채워 넣는 작업을 하고 있었다. 그런데 뒤를 돌아보다가 철근을 화약물 위에 떨어뜨렸다. 큰 폭발이 일어났고 철근이 그의 머리를 완전하게 관통했다.

이렇게 무시무시한 사고에도 그는 죽지 않았고 12년을 더 살았다. 흥미로운 점은 사고가 일어난 후 그의 성격과 행동이 크게 변했다는 것이다. 사고 전 게이지는 아주 양심적이며 열심히 일하는 성실한 사람이었다. 그러나 사고 후 그는 안절부절못하고 결정 내리기를 어려워하며 무책임하고 상스러운 욕을 자주 하는 사람으로 바뀌었다.

요즘 본능적 욕구가 지나치게 강하거나 자기방어 기능이 약해져서 스스로 충동을 조절하지 못하는 충동조절장애, 화가 나는 상황에서 분노를 통제하거나 조절하는 데 어려움이 있는 분노조절장애와 같은 조절장애가 늘어난다고 한다. 사회에서 빈번히 일어나는 갑질이나 폭력, 심지어 살인이나 자살 등의 원인도 충동

조절장애, 분노조절장애 등과 같은 정신력 제어가 부족해 나타나는 것이다. 조절장애 환자 중 10대 비중이 높은데, 이에 대해 의료인들은 요즘 청소년들이 핵가족화와 입시 경쟁 등의 영향을 받아 대인 관계 능력을 제대로 기르지 못한 것과 관련이 있다고 한다. 그 상태로 성인이 됐을 경우 대인 관계에서 발생하는 사소한 갈등에도 극단적인 피해의식을 거쳐 이상 행동으로 이어질 수 있다는 것이다.

전문적인 치료나 기술 없이도 부모가 직접 아이들의 전두엽 기능과 대인관계 능력을 발달시킬 수 있는 방법이 있다. 바로 부모와의 대화다. 영국의 이스트앵글리아대학교 심리학과 교수 존 스펜서John Spencer는 아이와 대화를 많이 하면 아이 두뇌 발달에 큰 도움이 된다는 연구 결과를 밝혔다. 존 스펜서 교수는 "뇌가 빠르게 발달하는 영유아기에 언어 능력과 관련 있는 뇌 영역인 미엘린의 생성을 촉진시키면 아이들의 뇌 발달에 큰 도움이 된다"라고 말하며, "부모 및 보호자가 아이에게 대화를 많이 시도하는 것은 분명 아이의 뇌를 발달시킨다"라고 했다.

마법의 문구, '그럼에도 불구하고'

아이의 생각이 힘 있게 자라려면 어떻게 해야 할까. 첫 번째, 생각을 긍정적으로 전환하는 연습을 해야 한다. 우리가 행복하다고 느끼면 행복 호르몬이 온몸을 경유해 뇌에 이른다. 행복이란 마음의 상태이므로 늘 긍정적인 생각으로 전환하면 마음의 행복을 찾을 수 있다.

행복한 일이 있어서 행복할 수도 있지만 긍정적인 생각만으로도 행복해질 수 있다. 부정적인 생각을 뿜어내는 사람은 불행하지만 긍정적인 생각을 뿜어내는 사람은 행복하다.

어느 신발 회사에서 아프리카로 두 명의 사원을 보내 시장 조사를 했다고 한다. 두 명의 결과 보고서를 받아보니 한 명은 '판매 가능성 0퍼센트. 전원 맨발'이라고 적었고 다른 한 명은 '판매 가능성 100퍼센트. 전원 맨발'이라고 적었다. 우리가 사장이라면 어떤 사람에게서 회사의 희망과 성공을 기대할까.

부정적 측면을 먼저 보는 사람은 불평불만이 많고 긍정적 측면을 먼저 보는 사람은 가능성과 희망이 많다. 어떤 사람이 더 행복한 삶을 살고 있는 것일까. 세상 모든 사물에는 부정적인 면도 함께 반드시 긍정적인 면도 존재한다. 그러니 평상시 긍정을 떠올리는 연습을 해야 한다.

만약 친구에게 떠밀려 아이가 넘어져 다쳤다면 왜 다쳤는지 따져 묻고 누가 그랬는지 밝히기보다 다친 곳을 치료해 주면서 더 크게 다치지 않아서 다행이라는 메시지를 주자. 이번 기회를 통해 친구를 밀면 다칠 수 있다는 점을 배워서 감사하다는 말을 해주면 마음도 긍정적으로 되고 몸의 고통도 줄어든다.

아이가 친구와 다투고 화가 나서 집으로 들어온 적이 있다. 화가 난 것 같은데 무슨 일이 있었냐고 물어봤더니 친구의 잘못을 풀어놓는다. 일단은 아이의 감정에 공감하는 것이 먼저라 들어주며 고개를 끄덕여주고 얼마나 화가 났을지 맞장구쳐 주었다. 그러고 나서 아이의 감정이 가라앉았을 때 잊지 않고 '그럼에도 불구하고 그 친구가 너를 때리지 않아서 다행이구나'라고 말해주어 긍정적 측면을 덧붙여주었다.

긍정적으로 생각을 전환하는 가장 좋은 방법은 '그럼에도 불구하고 감사하기'다. 주차장에서 아이가 차 문을 열다가 옆 차에 살짝 부딪혔는데 차 주인이 수리비를 요구하는 일이 있었다. 자세히 들여다보아도 찾기 어려울 만큼 작은 흠집이었는데 터무니없다는 생각이 들었고, 순간적으로 아이를 탓하며 "조심하라고 했잖아!"라고 외쳤다. 하지만 나는 곧 그럼에도 감사하기로 했다. 이 일이 다른 사람이 아닌 나에게 온 것에 감사했고, 수리비로 줄 수 있는 돈이 있다는 것에 감사했고, 누군가 다치지 않아서 감사했고, 외제차가 아님에도 감사했다. 이렇게 마법의 주문을 외고 나니 마음이 편안해지면서 행복 호르몬이 온몸을 돌아다니는 것이 느껴졌다.

이렇게 감사의 힘을 느끼기까지 많은 연습과 시간이 필요했다. 감사도 행복도 연습이다. 아이와 함께 매일 부정적인 생각을 하나씩 긍정적으로 전환하자. '그럼에도 불구하고 감사하기'를 연습한다면 반드시 생각과 마음이 행복해진다.

회복탄력성을 높이는 '격려'

두 번째, 실수를 잘못된 행동이나 나쁜 행동으로 생각하지 않고 아이의 연령에 따른 미성숙함에서 발생하는 일이라 인정해 주면 생각이 행복해진다. 스트레스를 받는다는 말은 뇌도 함께 힘들어하고 있다는 뜻이다. 아이들이 주눅 들면 뇌도 주눅 든다. 아이들은 실수투성이다. 어른이 능숙한 이유는 자라는 과정에서 이미 무한한 실수를 반복했기 때문이다.

실수를 많이 할수록 능숙한 어른으로 자란다. 아이들의 실수는 실패가 아니라 과정이다. 너무나도 자연스러운 일인데 혼을 내면 아이들은 주눅이 든다. 기가 죽는 경험이 쌓이면 새로운 시도를 거부한다. 도전해서 혼나는 것보다 도전하지 않고 혼도 나지 않는 쪽을 선택한다.

딸아이가 초등학교 1학년 때 친구들을 집으로 초대해 거실에 있는 어항의 물고기를 보며 놀다가 어항을 엎은 적이 있다. 지름이 30센티미터밖에 되지 않는 작은 플라스틱 어항이라 아이의 손길에도 쉽게 엎어질 수 있는 것이었다. 유리 어항이 아니라 다행히 아이들이 다치는 일은 없었다. 친구들은 큰일 났다는 사실을 내게 알리려고 모두 달려오는데 우리 아이는 큰일이 아니라며 닦으면 된다고 말했다. 그러면서 집에 있는 수건을 여러 장 꺼내 친구들에게 같이 닦자고 하였다. 친구들은 혼을 내지 않는 나를 한 번 보고, 바닥을 닦는 우리 아이를 번갈아 보며 의아해했다. 내가 안방에서 내 할 일을 하고 있으니 친구들이 안방에 와 어항을 엎은 사실을 다시 한번 말해주었다. 어른인 나에게 해결하라는 말인 것 같았다. 나는 너희들이 할 수 있을 만큼 처리한 후에 도움이 필요할 때 불러달라고 일러줬다.

딸아이는 어항을 엎질렀을 때 주눅 들어 경직되지 않고 어떻게 문제를 해결해야 할지 계획하고 조직했다. 그리고 물을 닦아내면서 아주 흥미로운 일을 하는 것처럼 즐겼다. 어항에 물고기를 보며 놀다가 실수로 어항을 쏟은 것처럼, 아이가 그 연령대에 할 수 있는 자연스러운 실수는 혼내지 않는다. 아이가 실수하는 것은 혼내지 않는다. 다만 실수하고 처리를 하지 않는 것은 혼낸다.

아이들은 실수를 하거나 어려운 상황이 오면 어른들에게 달려가 상황을 알린다. 어른들은 해결사가 되어 모든 것을 마무리해

주고, 때로는 번거로운 일을 만들었다며 화를 내기도 한다. 우리 앞날에는 피해 갈 수 없는 고난도 준비되어 있다. 어려운 상황이 닥쳤을 때 어른의 명령과 지시를 기다리지 않고 스스로 판단할 수 있게 생각하는 능력을 키워준다면 아이는 고난과 고통을 조절하며 살아갈 것이다.

"집안일에 참여시키고 실수도 스스로 해결하게 하라는 말씀을 듣고 따라 했는데, 옆에서 보려니 너무 답답해요."

"오히려 엄마인 제 일거리만 늘어서 아이에게 화를 냈어요. 부모 자식 관계가 악화될까 봐 한 번 시도하고 포기했어요."

이렇게 말하는 부모가 많다. 그런데 아주 어린 아이는 물론, 초등학생이 되었더라도 지금까지 스스로 생각해 본 경험이 없던 아이들에게 새로운 일은 서툴기 마련이다. 하지만 우리의 목적은 아이가 실수하지 않게 하는 것이 아니라 실수했을 때 어떻게 문제를 해결해 나가는지 기회를 주는 데 있다. 생각을 즐기게 한다는 것은 아이들에게 실수를 즐기게 한다는 의미다. 실수를 할 때마다 격려를 받는 아이는 자존감과 회복탄력성이 큰 어른으로 성장하게 된다.

장난감 없는 놀이 시간

세 번째, 놀이로 생각이 행복하게 해주어야 한다. 부모들은 놀이를 위한 도구로 장난감을 사준다. 그런데 우리 집에는 장난감이 거의 없다. 생각이 곧 장난감이기 때문이다. 간혹 장난감을 사주더라도 아이에게 미치는 영향을 고려해 아주 신중하게 고른다.

아이의 두뇌 발달에 효과가 있다는 장난감 블록쯤은 집집마다 있을 것이다. 블록 놀이가 아이들의 두뇌의 활성화를 돕지만 방법에 따라 영향이 달라진다. 많은 가정이나 유치원에서는 블록 놀이 설명서를 잘 만들어 아이에게 보여준다.

하지만 나는 설명서를 주지 않았으며 자석이 붙어 있어서 쉽게 모양이 만들어지는 교구 역시 쥐여주지 않았다. 설명서는 어른의 지시를 글로 표현한 것이다. 어른의 명령으로 멋지고 웅장한 모양을 만들기보다 이상한 모양이더라도 아이의 생각으로 마음껏 조립하는 시간을 충분히 가지는 것이 좋다. 무한한 실수를 즐긴 뒤에 설명서를 꺼내주면 혼자서는 만들지 못했던 멋진 작품에 도전할 수 있는 동기 부여가 된다.

종류에 따라 장난감이 생각의 성장을 막기도 한다. 왜냐하면 놀이 과정에서 스스로 생각하기보다 작품을 만들어내는 자세한 방법에 따라 움직이게 되기 때문이다. 장난감 없이도 행복한 생각을 자라게 하는 즐거운 말놀이를 몇 가지 소개해 보겠다.

• 연상되는 단어 이어 말하기

단어를 하나 제시해 주고 그 단어로 인해 생각나는 것을 연달아 말하는 놀이다. 예를 들면 다음과 같다.

아빠 | 제시할 단어는 사과.

엄마 | 사과하면 할머니 집 앞 사과밭이 생각나.

아이 | 사과밭 하면 농부 아저씨가 생각나.

아빠 | 농부 아저씨 하면 땀이 생각나.

엄마 | 땀 하면 샤워가 생각나.

아이 | 샤워하면 물이 생각나.

아빠 | 물 하면 바다가 생각나.

- **단어와 단어를 연결하기**

생각을 잇는 말놀이로, 단어와 단어를 짝짓고 왜 그렇게 연결되었는지 설명한다. 예를 들면 다음과 같다.

엄마 | 자동차는 빵이야. 왜냐하면 빵빵 하는 소리를 내기 때문이지.

아이 | 그럼, 자동차는 집이야. 왜냐하면 안에 사람이 있기 때문이지.

아빠 | 아빠는 나무야. 왜냐하면 아빠는 나무처럼 든든한 기둥이거든.

이렇듯 전혀 다른 두 사물의 연관성을 찾아보는 재미있는 놀이다. 아이들이 전혀 상관없는 이유를 꺼내더라도 괜찮다. 이 놀이는 누가 논리적으로 잘 말하는지 평가하는 것이 아니라 그저 생각을 즐기는 것일 뿐이다. 놀이를 직접 해보면 스스로 이런 생각을 할 수 있다는 사실에 놀라울 것이다.

나는 이 놀이를 하브루타 수업 시간에도 자주 했다. 아이들이 단어를 연결하는 실력이 날로 성장하고 생각을 즐기게 되는 과정을 직접 눈으로 보고 있으면 무척 뿌듯하다. 생각이 행복해야 삶도 행복하다. 아이의 생각이 살면 마음이 살고 행복해진다. 아이가 즐거우면 두뇌도 즐겁다.

5장

모든 아이는 이미 답을 알고 있다

어른 말씀만 잘 들으라고 가르친 결과

세상을 움직이는 유대인의 교육법

사람들은 맛있는 음식을 먹거나 재미있는 영화를 보거나 좋은 책을 읽으면 다른 사람에게 소문을 낸다. 맛있는 음식이라는 말을 듣고 그 음식점에 가보면 소문처럼 맛이 있을 때도 있지만 맛이 없을 때도 있다. 음식점이 그날그날 다른 맛을 내기 때문이 아니라 찾아가는 손님의 입맛이 다르기 때문이다.

입맛이 다른 것처럼 나라마다 문화가 다르다. 이웃 나라에서 통하는 좋은 교육법이 우리나라에서도 꼭 좋은 교육법이 될 수는 없다는 뜻이다. 나는 교육이라는 길을 걸어오며 아이들에게 부끄럽지 않은 교육자가 되겠다는 다짐을 가슴에 새겼다. 그 다짐이 언제나 본질을 지킬 수 있도록 등대가 되어주었다. 내 품에 들어

온 아이들에게 좋은 것만 주고 싶은 마음으로 프랑스, 핀란드, 일본 등의 교육법을 공부했다. 선진국이라면 모두 교육의 중요성을 알기에 미래를 바로 세우고자 이웃 나라의 교육법에 관심을 가진다. 그중 유대인의 교육법이 가장 많은 주목을 받는다.

유대인은 세계 인구의 0.2퍼센트밖에 되지 않지만 노벨상 수상자의 22%를 차지한다. 글로벌 100대 기업 중 구글, 페이스북, 인텔, 마이크로소프트, 스타벅스 등 40퍼센트 기업의 창업주는 유대인이며, 미국 100대 부자의 3분의 1이 유대인이다. 많은 나라가 유대인에 흥미를 가지고 연구할 만하다. 나도 유대인의 힘이 어디에서 오는지, 우리가 배워야 할 점은 무엇인지 공부해 보았다. 대한민국은 평균 지능지수IQ 104로 세계 1~2위를 다투는 반면 유대인은 평균 94로 45위에 그친다. 그런데 무엇이 그들과 우리를 다르게 만들고 있을까.

그 차이는 질문하고 토론하는 방식에서 온다. 이를 하브루타라고 하는데, 한국에서도 훌륭한 공부법으로 소개되고 있다. 중요한 점은 하브루타가 유대인에게는 생활 방식이지만 우리에게는 교육 방식이라는 사실이다. 우리는 질문과 토론을 삶의 방식으로 접근하지 않고 새로운 교육법이라며 사교육 항목의 하나로 추가하고 있다. 지금까지 질문 없는 삶에 익숙해져 질문이 무엇인지도 잊어버렸는데 갑자기 질문을 해야 한다고 한다. 생각이 무엇인지도 모르는 아이들에게 미래에는 생각만이 살길이라며 생각하는 법을 가르친다.

못을 박으려면 무엇이 필요할까. 못도 필요하고 박는 도구도 필요하다. 그런데 못이 필요하다는 사람보다 도구인 망치가 필요하다는 사람이 더 많다. 못은 본질이고 도구는 방법적인 문제다. 질문하는 방법도구을 찾으러 다니기보다 잃어버린 생각못을 먼저 돌려주자. 아이들을 위한 교육에 아이들을 빼놓고 좋은 교육법만 찾으러 다니는 어리석은 부모는 아니어야 한다.

마치 녹슬고 구부러진 못을 박기 위해 좋은 연장을 찾아 헤매는 격이다. 못의 상태는 상관하지 않고 가장 훌륭한 망치만 찾아다닌다. 구부러진 못은 어떤 망치로 박아도 제구실을 하지 못하지만 단단하고 반듯한 못은 어떤 망치로 박아도 역할을 다 해낸다. 다른 나라의 연장을 부러워하고 사들이기보다 좋은 못을 생산하는 일이 먼저다.

망치보다는 못을 보라

한국 부모의 질문과 유대인 부모의 질문은 다르다. 유대인 부모는 생각을 묻지만 한국인 부모는 정답을 묻는다. 유대인 부모는 호기심을 키우기 위해 “왜?”라고 묻지만 한국인 부모는 원인을 묻고 따지거나 추궁할 때 “왜?”라고 묻는다.

유대인 부모가 질문을 던지는 것은 대화를 시작하자는 의미지만 한국인 부모가 질문을 던지는 것은 훈계와 질책이 시작된다는 의미다. 유대인은 대화를 많이 나누지만 한국인은 침묵을 미덕으로 삼는다. 유대인은 자기 생각을 자유롭게 말하지만 한국인은 버릇없다고 지적한다. 유대인은 생각을 질문하라고 하지만 한국인은 모르거나 이해가 안 되는 점을 질문하라고 한다. 유대인은 질문을 반가워하고 생각할 시간을 주지만 한국인은 질문하면 최대한 정확한 지식을 자세히 설명해 주려고 노력하거나 무시한다. 유대인은 논쟁을 하지만 한국인은 싸움을 한다. 유대인에게는 대화하고 질문하고 토론하고 논쟁하는 것이 생활이지만 한국인에게는 공부일 뿐이다. 유대인 엄마는 학교에서 돌아오면 아이가 선생님께 무슨 질문을 했는지 궁금하게 여기고 한국인 엄마는 무엇을 배웠는지, 선생님께 혼나지는 않았는지를 궁금하게 여긴다.

대한민국은 다른 나라가 못을 박을 때 쓰는 연장보다 질 좋은 못을 어떻게 마련하는지에 더 관심 가져야 한다. 못은 본질이다. 교육의 본질, 질문의 본질, 생각의 본질, 아이들의 본질을 먼저 알고 세우는 것이 무엇보다 중요하다.

아이들이 부모의 안전한 보호와 사랑을 받으며 마음껏 만지고 돌아다니며 탐색하고 질문해야 하는 시기가 있다. 하지만 맞벌이가 늘어나고 부모와 떨어져 있는 시간이 늘어나며 불안함을 느끼거나 "안 돼. 하지 마"라는 말로 해야 할 것과 하지 말아야 할 것만 배운다. 호기심을 보이면 말썽꾸러기나 산만한 문제아로 불린다. 위험하다는 이유로 엄마가 다 해줘서 할 수 있는 일도 하고 싶은 일도 없다.

기본 생활 습관을 교육한다는 명목으로 지켜야 할 규칙이 많다. 규칙에서 벗어나면 다를 뿐인데 틀렸다고 하고 다른 사람을 방해하는 방해꾼이 되어버린다. 집에서도 유치원에서도 뛰지 말고 조용히 입 다물고 어른 말씀 잘 들으라고 한다. 유치원 선생님들은 이야기 나누는 시간을 '이야기 듣는 시간'으로 착각했는지 선생님 혼자 계속 설명한다. 그러다가 "알겠어요? 할 수 있겠어요?"라고 하면 그제야 "네"라고 말할 수 있다.

아이들의 마음은 질문하는 능력과 함께 녹슬어가고 있다. 못을 박기 위한 훌륭한 연장을 찾아다니는 어른들 덕분에 못의 본질을 잃어버리고 있다. 그러다가 갑자기 미래형 인재로 커야 한다며 유대인처럼 질문하고 생각하고 토론해야 한다고 주문한다. 교육 방향이 바뀌며 시험도 달라진다.

나는 변화하는 교육이 틀렸다고 주장하는 것이 아니다. 바꾸기 전에 본질을 찾자는 이야기다. 나는 아이들이 스스로 생각하고 자신의 생각을 논리적으로 말할 수 있는 사람으로 자라길 바란다. 다만 생각과 토론이 아이들의 생활이 되어야지 흉내 내기가 되어서는 안 된다. 유대인에게는 질 높은 대화가 일상이다. 우리는 질문법을 배우기 전에 질문할 기회를 주고 일상 속 대화를 찾아야 한다.

"네"라는 대답만 하는 아이

대한민국 부모는 본인도 자유롭게 생각을 말하는 환경에서 자라지 못했기 때문에 대화 방법을 잘 모르고 어색하게 느낀다. 그러니 아이들에게 질문하고 토론하는 방식을 가르치기에 앞서 자신부터 연습해야 한다.

가족 여행으로 불국사를 간 적 있다. 나는 여행지에 대한 대화 재료를 찾기 위해서 입구에 있는 안내문을 읽고 아이와 대화를 시작한다. 불국사 앞에는 관광객이 많았지만 안내문 앞은 한산했다. 그런데 한 엄마와 초등학교 3~4학년쯤 되어 보이는 아들이 안내문을 읽고 있었다. 엄마는 어렵게 적힌 글을 최대한 아이 수준에 맞춰 친절히 풀어주면서 중간중간 이해되는지 확인하고 있었다. "어떤 뜻인지 알겠니?"라는 엄마의 질문에 아이는 "네"라는 대답만 반복했다.

나는 아이와 불국사에 대한 설명을 각자 읽는다. 읽다가 궁금한 부분이 있으면 서로 묻는다. 다 읽은 후에는 서로 설명해 준다. 나는 아이의 설명을 듣다가 떠오르는 생각을 질문한다. 아이도 내 설명을 듣다가 궁금한 점을 질문한다. 질문을 가지고 불국사를 관람하면 불국사에 대한 대화가 이어지게 된다. 대화를 주고받는 과정은 질문과 생각을 주고받는 과정이다. 아이에게만 질문하라고 하거나 아이에게만 질문하면 질문에 대한 거부감이 생긴다. 일상에서 자연스럽게 대화로 이어가야 한다.

또 다른 예가 있다. 가뭄이 심각했던 여름, 아이와 손을 잡고 길을 걸으며 "날씨가 너무 덥다. 햇볕이 쨍쨍 내리쬐는 날씨만 이어져서 가뭄이 심각하다는데 어쩌지?"라며 걱정거리를 질문으로 바꿔 대화의 문을 열었다. 왜 햇볕만 쨍쨍 쬐는 날씨가 왔을까. 가뭄이면 할머니 농작물은 어떻게 될까. 농작물 값은 어떻게 변하고, 우리가 할 수 있는 일은 무엇이 있을까. 언제 비가 올지 예상할 수 있을까. 일기예보를 알려주는 곳은 어디고 어떻게 날씨를 예측할 수 있을까. 이런 대화가 논리적이지는 않지만 들쑥날쑥하게 이어졌다. 하나의 질문으로 사회, 과학, 경제 분야의 대화를 긴 시간 동안 아주 재미있게 나눴다.

우리 가정에서 질문으로 대화가 이어질 수 있었던 것은 아이를 잘 키우는 일을 우선에 두고 관심을 가졌으며 여유롭게 대화할 수 있는 시간이 충분하기 때문이다. 아이와 함께 있는 시간이 많아지면서 아이가 어떤 책을 읽는지, 친구는 누구고 어떤 대화를 주고받는지, 어떤 생각을 하고 있는지, 요즘 관심 분야는 무엇인지 관심이 늘어난다. 관심이 생기니 자연스럽게 질문이 발생하고 대화가 많아진다. 엄마의 노력이 있다면 대화에 질문을 자연스럽게 녹여내 대화의 품격을 높일 수 있다.

질문하는 방법을 배우기 전에 일상생활에서 질문하는 환경을 만들어주고, 가르치는 시간을 줄여서 대화하는 시간을 늘리는 것이 먼저다. 하브루타라는 특별한 방법을 알면서도 실천하지 않는 것보다 특별하지 않은 방법이라도 실천하는 것이 아이들을 특별하게 키우는 지름길이다.

질문은 대화의 시작이고 대화를 이어가는 연결고리라는 본질을 가정에서 먼저 실천해 보자. 나와 상담하는 부모 중 많은 수가 가정에서 실천할 수 있는 하브루타 방법을 묻는다. 그럼 나는 하브루타는 유대인의 공부법이지 우리의 공부법이 될 수 없으니, 아이들이 스스로 생각하는 힘을 키우고 마음의 힘을 키울 수 있게 우리 교육법을 먼저 활용해 보자고 말한다.

훌륭한 연장을 찾기보다 질 좋은 못을 만들어야 한다. 다른 나라의 교육법만 흉내 내는 '짝퉁'이 아니라 우리 아이를 위한 진짜 교육을 해야 한다. 선진국을 따르기만 하는 나라는 후진국이다. 우리는 우리의 교육 문화에 살고 있는 아이들을 고려하여 우리에게 맞게 시작해야 한다.

질문은 인간의 본능

엄마만 재미있는 가족회의

'유대인의 위대함은 생각하는 힘이고 생각하는 힘은 질문에서 나온다.'

이 말을 실천하고자 질문과 토론이 있는 가족회의를 몇 개월 동안 진행해 본 적 있다. 어릴 때부터 질문이 일상이 되도록 하고 싶었고, 가족회의를 통해 토론하는 환경을 주는 훌륭한 엄마가 되고 싶었으며, 생각으로 세상을 리드하는 딸아이의 모습을 기대하며 열심히 회의를 열었다.

회의 중 엄마의 질문 공세를 받던 아이가 "또 질문이네. 지겨워"라고 했다. 가족회의에 나만 적극 참여하고 남편과 딸은 지루해하며 억지로 앉아 있는 눈빛이 가득했다. 질문하고 토론하는 가정 속에서 자란 딸아이의 미래를 생각하며 노력했던 내게는 남편과 딸이 문제라는 생각이 들었다.

왜 남편과 딸아이는 가족회의가 즐겁지 않을까. 스스로 질문해 보았다. 아이에게 질문은 관심과 호기심으로 인해 내면에서 스스로 일어난 것이 아니라 엄마의 강요에 의한 교육 수단이었다. 엄마의 강요로 무엇인가를 할 수는 있지만 어떤 마음 상태로 임하는지는 딸아이의 마음이라 질문이 즐겁지 않았던 것이다.

어릴 때부터 질문하는 환경을 제공하려고 했던 엄마의 노력은 항상 의도적이었다. 무엇인가를 가르치려는 의도, 지식을 저장했는지 캐묻는 의도, 배운 것을 이해하고 있는지 확인하려는 의도, 엄마 말을 잘 듣고 있는지 판단하는 의도였다. 엄마의 의도적 질문이 아이로 하여금 '질문은 지겹다'는 느낌을 가지게 했다.

지겨움이 아닌 즐거움이 되는 질문은 어떻게 해야 할까. 그 답을 찾기 위해 부모와 아이들의 질문을 오랜 시간 동안 관찰해 보았다. 아이들은 주로 호기심이 빠진 채 '무엇을 해도 되는지 허락을 받기 위한 질문'을 했다. 부모는 '무엇을 다 했는지 확인하기 위한 질문'을 주로 했다. 질문은 허락과 확인이 아니라 본능이다. 태어날 때부터 가지고 있는 본능이다.

세상을 호기심으로 탐구하며 배우기 시작하는 첫 질문은 "왜? 이게 뭐야?"다. 점점 자라면서 본능이던 질문이 환경에 의해 심문이나 요구의 수단으로 자동 전환된다. 버락 오바마Barack Obama 미국 전 대통령이 G20 폐막식 때 한국 기자들에게 질의응답 기회를 주었는데 아무도 질문하지 못했던 사건이 있었다. 질문을 가장 많이 해야 하는 직업이 기자다. 그런 기자들이 질문하지 못한 것은 능력 부족이라기보다 대한민국 교육의 결과라고 생각한다.

한국 사람들은 질문을 하는 것도 받는 것도 타인을 의식한다. 정답에서 벗어나 창피한 것보다 가만히 있는 것이 더 낫고, 가만히 있으면 중간이라도 간다는 인식을 가지고 있다. 질문 자체에 부담감을 느낀다. 나는 질문하는 것이 습관이 되어 강의할 때 질문을 많이 던진다. 그런데 질문을 자꾸 던지면 강의장이 엄숙해진다. 내 말을 듣기만 할 때는 눈을 빛내며 고개를 끄덕이던 부모들이 질문을 하면 갑자기 눈을 돌리거나 고개를 숙이면서 경직된 분위기를 만든다.

질문이 본능이던 아이들이 자라면서 질문하지 않고 질문받기를 두려워하게 된 이유가 무엇일까. 아이들에게는 해야 할 일과 하면 안 될 일이 없고, 정해진 답이 없기 때문에 질문이 많다. 그러나 점점 자라며 정답을 강요하는 사회에 길들여져 자기 생각은 없고 모르는 것과 아는 것만 존재하게 된다. 자기 수준이 들통이 날까 봐 질문을 두려워하게 된다. 어릴 때부터 평가를 받고 자란 아이들은 자기 생각과 마음은 없고 다른 사람이 어떻게 생각할지를 기준으로 삼는다.

질문은 자기 안에서 일어나는 본능이어야 하는데 평가를 받고 자란 아이들은 자기보다 평가자의 생각을 기준으로 두니 잘하고 있는지 확인하려는 의도만 남는다. 질문이 사라지는 이유는 생각이 아닌 정답에 길들이는 교육 환경과 자기 내면이 아닌 타인의 평가에 길들이는 교육 환경이다. 본능은 가르치지 않아도, 즉 외부에서 하지 않아도 생득적으로 가지고 태어나는 것이므로 자기 안에 있는 것이다.

지레짐작하지 않기

하브루타를 공부해 보면 우리나라의 유아교육과 닮아 있다는 생각이 든다. 스스로 관심과 호기심을 갖도록 하며 동기를 유발하고, 생각을 열어주는 발문을 하고, 아이의 생각을 존중하고 격려하고, 일상생활이 주제가 되는 유아교육이 하브루타와 참 비슷한 면이 많다.

질문이 없는 아이를 질문이 있는 아이로 키우는 방법 두 가지가 있다. 질문은 자기 내면의 관심과 호기심이 있을 때 본능적으로 생기며 관심과 호기심은 관찰이라는 과정을 필요로 한다. 그러니 첫 번째는 아이들에게 생각할 수 있는 기회를 주는 것이고, 두 번째는 관찰을 통해 호기심과 관심이 생기도록 시간을 주는 것이다. 아이들이 생각할 수 있도록 부모가 말을 줄이고 아이가 말할 수 있도록 질문으로 돌려주는 환경을 만들어야 한다.

두루뭉술한 아이들의 질문에 부모는 지레짐작하여 대답한다. 예를 들면 "여기가 어디예요?"라는 질문 속에는 경우에 따라 여기에 왜 왔는지, 얼마나 머물러 있을 것인지, 이곳이 무엇을 하는 곳인지 나에게 설명이 필요하다는 의미가 담겨 있다. 그런데 부모는 지레짐작하여 장소 이름을 친절히 알려준다. 아이의 의도를 지레짐작하여 대답하는 경험이 많아지면 아이도 자신이 무엇을 질문하고자 하는지는 정확히 모르게 되고 점점 질문이 줄어든다.

아이 | 엄마 여기가 어디야?

엄마 | 지명이 궁금한 거니, 왜 왔는지가 궁금한 거니? 아니면 무엇을 하는 곳인지가 궁금한 거니? 좀 더 구체적으로 얘기해 줄래?

구체적으로 자기 생각을 말할 줄 모르는 아이들에게는 상황에 맞는 몇 가지 질문을 예로 덧붙여주는 것이 좋다. 그러면 아이가 '구체적인 것이란 저런 것이구나' 하고 알게 되는 데 도움이 된다.

다른 예를 하나 더 들어보자. 음식점에서 실내 인테리어를 위해 천장에 달아둔 장식품을 가리키며 "저게 뭐야?"라고 물으면 부모는 자신이 알고 있는 지식으로 친절하고 자세하게 설명해 준다. 아이는 부모의 지식만큼만 깨닫게 되고 대화는 짧게 끝난다. 부모의 설명이 길어지거나 어렵게 느껴질 때는 아이들의 눈빛이 다른 곳으로 이동하고, 부모는 아이의 집중력을 문제 삼아 혼내는 경우로 이어지기도 한다. 아이의 생각을 확장하기 위해서는 아이의 관심을 환영해 주고 다시 질문을 돌려주어야 한다.

- "천장에 있는 것도 관찰했구나! 무엇인 것 같니?"
- "높은 곳에 있는 것에도 관심을 가지고 있구나! 저게 뭘까? 엄마도 궁금하네."
- "누구의 작품일까? 어떻게 저 작품을 만들게 되었을까? 작품에 담긴 작가의 생각은 무엇일까?"
- "가격은 얼마일까? 주인은 많은 작품 중 왜 저 작품을 골라서 걸어두었을까?"

이처럼 대화와 토론으로 이어질 질문거리가 많다. 이 중 한 가지만 아이에게 질문으로 되돌려주어도 호기심과 관심이 가득한 대화가 이루어지고 각자의 생각과 의견을 나누는 토론으로 이어진다. 생각할 수 있는 기회만 주어도 스스로 질문을 가지게 되며, 질문이 생기면 하게 되고, 질문을 주고받으면 대화가 된다. 이 대화에 논리성이 더해지면 바로 토론이다.

두 번째는 관찰을 통해 호기심과 관심이 생기도록 시간을 주는 것이다. 학교에서 하교하는 길에 아이들이 삼삼오오 모여 공벌레를 관찰한다. 공벌레에 호기심이 생긴 아이들은 관찰하면서 온갖 질문을 쏟아낸다.

아이 1 | 이 벌레 이름이 뭐야?

아이 2 | 공벌레야.

아이 3 | 진짜야?

아이 1 | 진짜 공 같다.

아이 4 | 공벌레 집으로 가져갈까?

아이 2 | 안 돼. 굶어서 죽어.

아이 4 | 먹을 거 주면 되지.

아이 3 | 뭐 먹고 살지?

아이 2 | 공벌레 가족들이 찾을 텐데.

아이 1 | 공벌레도 가족이 있어?

아이들이 주고받은 이야기를 모두 옮겨 적을 수는 없지만 짧은 대화에서도 호기심으로 인한 질문이 내면에서 나온다. 어디론가 바삐 가는 아이들에게는 공벌레뿐만 아니라 주변의 질문거리가 보이지 않는다. '본다'는 것은 관찰할 준비다. 눈에 보이니 관찰하게 되고, 관찰하니 호기심이 생긴다. 호기심이 생기니 자연스럽게 질문도 나온다.

아이들과 수업을 하면서도 실험해 보았다. 초등학교 2학년 아이들을 두 그룹으로 나누고 김홍도의 〈서당〉이라는 그림을 자료로 보여주었다. 한 그룹에는 관찰할 시간을 주지 않고 그림을 보여주며 다짜고짜 질문을 해보라고 했다.

〈서당〉, 김홍도, 국립중앙박물관 소장

- "저 아이는 왜 울고 있을까?"
- "혼나서 우나?"
- "시험을 망쳤나?"

이렇게 질문하고는 더 이상 무슨 질문을 해야 하는지 모르겠다고 한다. 다른 그룹에는 그림을 관찰할 시간을 먼저 주고 그림에 관심을 가질 수 있도록 이야기를 나누어보았다. 어디서 본 적이 있다느니, 그림 속 아이가 웃긴다느니, 남자가 왜 머리를 땋았는지 궁금하다느니……. 온갖 생각을 주고받으며 즐겁게 수다를 떨다가 아이들의 이야기가 줄어들 때쯤 그림에 대한 질문을 하라고 해보았다.

- "왜 울고 있을까?"
- "대님을 묶는 걸까, 푸는 걸까?"
- "훈장 선생님이 싫어서 등을 돌리고 있는 걸까?"
- "오른쪽 앞에 있는 아이는 왜 모자를 쓰고 있을까?"
- "옛날에는 남자들이 머리를 길게 땋았던 이유가 무엇일까?"
- "훈장 선생님 옆에 있는 검은색 물건은 무엇일까?"
- "어린아이와 큰 아이가 왜 한 반에서 함께 공부할까?"
- "여자아이들은 왜 한 명도 없을까?"
- "상투머리는 결혼을 했다는 뜻인데, 결혼한 사람이 왜 아이들 배우는 곳에서 공부할까?"
- "왜 바닥에 앉아서 공부를 할까?"

이렇듯 아이들이 이야기를 나누는 과정에서 자연스럽게 생긴 호기심이 질문으로 나온다. 스스로 내면에서 관심과 호기심으로 생긴 질문에 대한 답을 찾아가는 여정에서는 지겨움과 두려움이 아니라 즐거움과 지성이 자란다. 아이들에게 공부가 배우는 즐거움이 아닌 스트레스가 되는 것은 아이들의 관심과 호기심을 고려하지 않고 좋은 것만 가르치려는 부모들의 급한 마음 때문이다.

호기심과 관심, 즐거움이 없는 아이들에게는 질문이 학습 방법의 일환이기 때문에 질문을 강요하면 말하는 것조차 싫어하게 된다. 아이가 사춘기라서 말없이 자기 방으로 들어가 동굴 생활을 하고 스마트폰과 대화하는 것이 아니다. 자기 안에 질문이 사라지니 생각이 사라지고, 하고 싶은 것도 해야 할 것도 사라진다. 할 말도 없어지고 엄마의 질문은 심문이 되니 스스로를 고립시킨다.

질문하는 방법을 가르치고 질문하는 아이로 키우고 싶다면 잃어가고 있는 질문을 찾아주어야 한다. 질문을 찾아주는 것은 질문의 본질인 관심, 즐거움을 스스로 느끼는 본능을 살리는 일이다. 하버드 대학 입학 논술 문제가 어릴 적 식탁에서 아버지와 나눈 대화보다 더 쉬웠다는 유대인의 말처럼, 우리 가정에도 품격 있는 대화가 피어나길 바란다. 질문이 학습 수단이 아니라 일상이 되는 환경을 만들어주는 것이 부모의 역할이다.

세상을 바꾸는 위대한 한 글자

새로움이 탄생하는 순간

"질문할 수 있는 힘은 인류 진보의 첫걸음이다."

인도 최초의 여성 총리 인디라 간디Indira Gandhi의 말처럼 질문에는 위대한 힘이 있다. 문명을 발달시켜 온 것은 질문이다. 어떻게 하면 물 가까이 갈 수 있을지 질문하며 유목 생활이 시작되었고, 어떻게 하면 물을 끌어올 수 있을지 질문하며 농경 사회가 시작되었다.

질문은 새로운 생각을 탄생시켜 세상을 변하게 하고 문명을 발달시키는 원동력이다. 그러나 우리가 원하고 있는 것은 질문이 아니라 답이다. 시험이나 인생의 문제에서 자꾸만 해결 방법을 구하고 있다. 그래서 모든 교육이 정답을 찾고 있는 듯하다. 훌륭한 대답은 훌륭한 질문에서 나온다. 대답의 질은 질문의 질이 결정한다. 스스로에 던지는 질문이 무엇이냐에 따라 삶의 질이 달라진다. 그래서 대답을 잘하는 교육이 아니라 질문을 잘하는 교육이 필요하다. "취미가 무엇입니까?"라는 단순한 질문만 해도 신경계를 자극해서 뇌세포를 활성화한다. 질문에는 다양한 형태가 있지만 '왜?'라는 질문 하나만 가지고도 새로움을 탄생시킬 수 있다.

영국의 스티브 잡스Steve Jobs로 불리는 혁신 발명가 제임스 다이슨James Dyson은 날개 없는 선풍기를 발명했다. 그는 이외에도 먼지 봉투 없는 진공청소기, 소음 없는 초음속 헤어드라이어 등 내놓는 상품마다 대성공을 거두며 혁신의 아이콘이 되었다. 날개형 선풍기는 무려 127년간 구조가 변하지 않았는데 그는 "왜 선풍기에 꼭 날개가 있어야 할까"라는 질문을 품고 더 나은 제품을 개발해 더욱 안전하고 미적으로 훌륭한 선풍기를 개발할 수 있었다.

갓 태어나 세상을 배워가는 아이들의 호기심을 표현하는 글자가 '왜?'다. 호기심 천국인 아이들을 산만한 아이로 분류하고 어른 말을 잘 듣는 착한 아이로 교육시키면 '왜?'가 '네'로 바뀌어 버린다. 만약에 내 아이에게서 '왜?'가 점점 사라지고 있다면 꼬리에 꼬리를 무는 질문 놀이로 호기심을 다시 찾아주어야 한다. '왜?'라는 질문으로 문제를 파고들면 본질을 찾을 수 있어 생각의 실타래가 풀린다. 예를 들면 다음과 같다.

아이 | 엄마, 물 마시고 싶어.

엄마 | 왜 물이 마시고 싶니?

아이 | 목말라서.

엄마 | 왜 목이 마르니?

아이 | 날씨가 더워서.

엄마 | 왜 날씨가 덥니?

아이 | 여름이니까.

엄마 | 왜 여름에는 날씨가 덥니?

아이 | 햇볕이 뜨거워서.

엄마 | 왜 햇볕이 뜨겁니?

아이 | 지구가 도는데, 지구에 있는 대한민국이 태양이랑 가까

워져서 그래.

엄마 | 왜 지구가 도니?

질문을 학습이 아닌 놀이로 하면 아이들이 좋아한다. 나는 하브루타 수업을 하는 아이들과 가끔 '왜?' 놀이를 즐겼다. 장난이 치고 싶은 날, 아이들 말에 꼬리에 꼬리를 물고 질문하면 아이들은 이유를 찾느라 아주 바쁘다. 생각을 꺼내는 놀이가 아주 재미있는지 얼굴에 미소가 한가득이다.

우리 아이도 장난을 치고 싶은 날이면 엄마가 하는 말에 '왜?'라고 질문 공세를 한다. 아이는 놀이로 시작한 '왜?'가 습관이 되어 책을 읽을 때도, 공부를 할 때도 이를 적용한다. '왜?'는 문제의 본질을 찾아준다. 선택해야 할 때, 고민이 되는 문제가 있을 때, 그 문제를 놓고 꼬리를 물어보면 실타래가 풀리듯 해결된다.

꼬리를 무는 질문으로 유명한 일화가 있다. 미국 제3대 대통령인 토머스 제퍼슨Thomas Jefferson을 기리는 기념관에서 벌어진 사건이다. 어느 날 보니 기념관 외벽이 크게 훼손되고 있었다. 문제가 점점 심각해지자 기념관장은 담당자를 불러 원인을 알아보도록 지시했다. 기념관 외벽에 묻어 있는 비둘기 배설물을 제거하기 위해 독성이 강한 세제를 사용하기 때문이라는 조사 결과가 며칠 후 보고됐다. 비둘기가 많이 날아드는 것을 막기 위해 관광객에게 모이를 주지 못하도록 했다. 그런데 예상과 달리 비둘기는 계속 날아들었다. 다시 고민이 시작되었고, 관장은 이런 질문을 이어 나갔다.

"왜 대리석이 저렇게 빨리 부식될까? 세제를 사용해서 자주 씻기 때문이다. 그렇다면 왜 세제로 대리석을 닦는 것일까? 비둘기가 많아서 배설물이 많기 때문이다. 왜 비둘기가 많은 것일까? 비둘기의 먹잇감인 거미가 많기 때문이다. 왜 거미가 많을까? 해가 지기 전 주변보다 전등을 먼저 켜서 나방이 불빛을 보고 많이 몰려들기 때문이다. 왜 해가 지기 전에 전등을 주변보다 먼저 켜는 것일까?"

결론은 기념관 직원들이 일찍 퇴근하기 때문이었다. 연속적으로 '왜?'라는 질문을 던진 끝에 근본적 문제를 발견했고, 전등을 켜는 시간을 조정해 해결책을 찾을 수 있었다. 상상하지 못한 혁신을 위해서는 지금까지 당연하다고 여겼던 모든 것을 다른 시각으로 볼 수 있는 '사고의 전환'이 무엇보다 중요하다. 타고난 발명가는 따로 있지 않다. 생각을 조금만 바꾸면 누구나 발명가가 될 수 있다.

"왜 틀렸니? 왜 그것밖에 못 해?"

꼬리를 무는 질문의 힘을 깨달았다면 당장 아이에게 '왜?'라고 물어보고 싶겠지만, 그 전에 짚어보아야 할 점이 있다. 질문이 창의성의 원동력이 되기 위해서는 일상생활의 원리를 발견하는 목적으로만 사용되어야 한다. 아이들을 비난하기 위해 '왜?'라고 질문하면 아이는 자존감을 잃고 열등감을 키운다. 특히 대한민국 부모들은 판사와 해결사가 되려는 무의식적 습성이 강하다. 아이가 겪고 있는 문제를 찾아내 판결하고 해결해 주기 위한 다음과 같은 질문은 하지 않아야 한다.

- "왜 때렸니?"
- "왜 우니?"
- "왜 늦었니?"
- "왜 못 했니?"
- "왜 틀렸니?"
- "왜 그것밖에 못 하니?"

'왜?'는 아이를 향한 비난이 아니다. 아이가 잘못한 원인을 파악하고 감정을 캐묻는 목적으로 사용하면 부정적 감정을 부르게 된다.

또한 아이들이 '왜?'라고 질문할 때는 환영해 주어야 한다. 아이들이 두 번 이상 꼬치꼬치 캐물으면 쓸데없는 질문하지 말라고 윽박질러서 입을 막는 경우가 많은데, 그러지 말고 즐거운 놀이로 반겨주자.

묻고자 하는 내용 없이 "왜?"라고만 한다면 무엇에 대한 질문인지 다시 물어봐 주면 된다. 자기가 생각하고 있는 것을 상대방이 모르고 있다는 사실을 알지 못하는 아이들은 거두절미하고 "왜?"라고 말한다.

아이 | 왜?

엄마 | 엄마가 대답할 수 있게 무엇이 알고 싶은 건지 구체적으로 말해주면 좋겠어.

아이 | 왜 먹기 싫은 야채도 먹어야 해?

아이들 입에서 '왜?'라는 질문 하나만이라도 사라지지 않게 해 주면 좁게는 삶이 변화하고 넓게는 문명이 변화한다.

질문이 감정을 조절한다

질문에는 생각을 키우는 힘 외에도 감정을 조절하는 힘이 있다. 엄마들은 자식을 잘 키워야 한다는 책임감을 크게 느끼면서도 어떻게 해야 할지 잘 몰라 때로는 마음속에서 부정적인 감정을 느낀다. 특히 '화'라는 감정이 자주 들락거린다. 엄마들이 화를 내는 것은 자연스러운 일이지만 아이에게 화풀이를 하는 것은 잘못이다.

화가 날 때는 "화낼만한 가치가 있는가. 나는 무엇 때문에 화가 나는가"라는 질문을 스스로 던지고 답을 찾아보자. 감정이 조절되고 불같이 성질부리는 일을 막을 수 있다. 아무런 질문을 하지 않으면 불길이 활활 번지듯 화가 번진다. 질문으로 감정이 조절되면 아이에게 필요한 만큼만 혼을 낼 수 있다. 감정이 조절되지 않으면 훈육이 아닌 화풀이를 하게 된다.

거꾸로 아이가 화를 내고 있을 때도 질문은 도움이 된다. 아이에게 "화만 내지 말고 똑바로 말해!"라고 가르치는 경우가 많은데, 꾸짖지 말고 "무엇 때문에 화났는지 말해줄래?"라고 질문해 보자. 아이의 행동이 변한다. 기껏 질문해 놓고 아이의 대답이 마음에 들지 않는다고 더 혼내거나 지적하면 안 된다. 아이가 어떤 말을 하더라도 아이의 감정이므로 들어주어야 한다. 아이에게 질문한 목적이 무엇인지, 원인을 알아내서 잘못된 점을 수정하기 위함인지 아니면 아이의 감정을 들어주어 화를 가라앉히고 행동을 변하게 하려는 것인지 염두에 두길 바란다.

질문의 힘은 위대하다. 질문은 삶의 곳곳에 영향을 미친다. '왜?'라는 질문으로 사고를 자극하는 것과 '화는 어디에서 왔을까?'라는 질문으로 감정을 조절하는 것. 이 두 가지만 챙겨도 긍정적 영향을 받을 수 있다.

"너에게 한계란 없단다"

'나'에게 던지는 질문

세상 모든 것에 좋은 점과 나쁜 점이 있듯, 질문에도 좋은 질문과 나쁜 질문이 있다. 생각 부자는 좋은 질문을 하고 생각 빈자는 나쁜 질문을 한다. 생각 부자와 생각 빈자는 각각 어떤 질문을 하고 있을까. 그 차이를 알아보자.

생각 부자는 '나에게' 질문한다. 사람은 결코 쉽게 변하지 않는다. 특히 내가 아닌 다른 사람을 변화시킨다는 것은 어려운 일이다. 다른 사람들의 인식을 바꾸는 것보다 나를 바꾸는 것이 합리적이고 상처도 덜 받는다. 모든 변화는 나에게서부터 시작한다. 부모가 자식 키우기 힘들다고 하는 말도 부모의 뜻처럼 아이가 변하지 않기 때문이다. 부모 노릇을 쉽게 하기 위해서는 자식을 변화시키려는 마음을 내려놓으면 된다. 자식을 포기하라는 말이 아니다. 자식이 아니라 '자신'을 잘 가다듬으면 자식은 따라서 잘 크는 법이다.

나를 변화시키려면 '나에게' 질문해야 한다. 나에게로의 질문이 생각 부자의 질문인 이유는 자기를 경영하지 못하는 사람이 가정을 잘 경영하기 어렵고 사회를 경영하기는 더 어렵기 때문이다. 자기를 경영하지 못하는 사람들이 리더가 되면 나라가 혼란스럽다. 자기를 경영하지 못하는 사람이 교육을 하면 교육이 혼란스럽다. 자기를 경영하기 위해서는 자기를 알아야 하고 성장시켜야 한다. 자기를 잘 경영하는 방법은 자기에게 물어봐야 한다. 자기와의 소통이 이루어져야 한다.

질문은 자기를 알아가고 자녀를 알아가는 매개체다. 아이들은 어른에게, 전문가에게, 선생님에게 설명을 듣고 지시를 받아 따르는 일에 익숙해져 있어서 자기를 경영하는 법에는 서툴다. 많은 사람이 누군가 만들어놓은 질문의 답을 찾느라 일생을 허비하기도 한다. 타인의 말을 무조건 믿고 따른다면 창조는 사라진다. 자기를 경영한다는 것은 자신만의 답을 찾기 위해 자기에게 끊임없이 질문하며 성장한다는 의미다. 우리에게는 '나에게 질문하는 연습'이 필요하다.

내가 참 많이 받는 질문 중 하나가 "어떻게 하면 좋은 엄마가 될까요?"다. 그럼 나는 "엄마가 어떻게 할 때 좋으셨나요?"라고 다시 물어본다. 어떻게 하면 좋은 엄마가 될 수 있느냐는 질문은 전문가인 내 말을 듣고 따르기 위한 질문이다. 하지만 엄마가 나에게 어떻게 할 때 좋았느냐는 질문은 자기 안에서 답을 구하며 스스로 성장하기 위한 질문이다.

부모들은 "우리 아이에게 무엇을 시키면 좋을까요?"라고 묻는다. 아이 적성은 무엇인지, 아이에게 어떤 직업이 어울릴지, 어떤 책을 사주어야 할지, 영어는 언제부터 시켜야 할지 질문한다. 그 답을 '아이'가 가지고 있다는 것을 전혀 인식하지 못한 채 전문가에게 묻는다. 내가 아닌 다른 사람에게 물어서 도움을 받을 수는 있지만 자기 마음과 생각의 주인은 자기여야 한다. 전문가의 마음과 생각 안에 세를 들어 사는 삶에서 벗어나는 쉬운 방법은 '나에게 먼저 질문하기'다. 자신에게 질문해 자기를 경영하는 사람이 세상에서 제일 강한 사람이다. 내면이 강한 사람이 생각 부자다.

한계를 넘는 질문

생각 부자는 한계를 넘는 질문을 한다. 아이를 생각 부자로 기르기 위해서 엄마들은 한계를 지어주는 언어를 줄여야 한다. 아이가 어릴수록 '안 돼! 하지 마!'라는 말을 자주 사용한다. 상황을 판단할 수 없는 아이들에게 보호자로서 해주는 말이기도 하지만, 이는 한계를 지어주는 말이 되기도 한다. 안전과 도덕에 문제가 되는 사항에만 '안 돼'라고 말하고 나머지는 허용해 주는 환경을 만들어야 한다.

'안 돼'라는 말만 듣고 자란 아이의 뇌는 어떤 상황에서도 안 되는 이유를 먼저 찾도록 준비되어 있다. 그러니 안 된다는 말을 꺼낼 때는 이유를 먼저 말해주어야 한다. 예를 들어보자.

아이 | 엄마 밖에 나가 놀아도 돼?

엄마 | 지금은 저녁 먹을 시간이란다.

안 되는 이유를 말해 아이 스스로 '저녁을 먹어야 하기 때문에 안 되는구나. 그럼 저녁을 먹은 후에는 될까?'라고 생각해 나가도록 하자.

아이 | 그럼 저녁 먹고 나가서 놀아도 돼?

엄마 | 네가 선택하렴. 저녁 먹은 후에 할 일이 무엇이니?

놀아도 되는 상황이라면 엄마의 허락에 의해서가 아니라 아이 스스로 선택해 놀도록 한다. 놀면 안 되는 상황이라면 스스로 이유를 생각해 보도록 질문한다.

만약 위의 대화에서 아이가 혹여 저녁을 먹지 않고 저녁 먹을 시간만큼 놀겠다고 하면 어떻게 하면 좋을까. 저녁을 먹지 않았을 경우에 발생하는 상황을 어떻게 할 것인가를 생각해 보도록 한 후에 내린 결정은 조건 없이 존중해 준다. 아이의 선택에 부모가 개입해 허락의 개념으로 접근하면 떼쓰기 행동이나 고집부리기 행동으로 이어질 수도 있으니 주의해야 한다. 직접 실천해 보면 자기 결정권을 존중받는 아이들은 막연히 떼쓰는 행동을 하지 않는다는 것을 경험하게 된다.

물론 아이의 안전이 위협받는 상황에서는 이유를 말하기보다 '안 돼'라고 말해주는 것이 먼저다. 공놀이를 하던 아이가 굴러가는 공을 쫓아 차도로 달려가는 모습을 봤다면 "안 돼!"라고 소리쳐서 아이를 멈춰 세워야 한다. 아이의 이해력이 높아지는 일곱 살 정도가 되면 '안 되는 것'보다 '세상에는 하지 말아야 할 것이 있다'는 식으로 도덕적인 기준을 잡아주는 편이 좋다. 부모가 먼저 '세상에 안 되는 일은 없어. 다만 하지 않을 뿐이야'라는 가치관을 가지고 있어야 한계를 넘는 질문을 할 수 있다.

삶을 연결하는 질문

생각 부자는 삶과 연결하는 질문을 한다. 질문하는 방법을 아무리 배워도 자기 삶과 연결시키지 못하면 질문은 물음표가 붙은 문장에 불과하다. 삶에는 물음표만 있는 것이 아니다. 물음표는 마침표와 쉼표 그리고 느낌표가 있을 때 생기는 것이다. 마침표는 타인이 만들어놓은 이론과 지식, 쉼표는 여유를 가지고 생각하는 과정, 느낌표는 감성적인 영역을 의미한다. 우리는 지식을 얻고 여유를 누리며 감성을 키울 때 물음표가 붙은 문장을 비로소 삶과 연결할 수 있다.

아이에게 질문하는 법을 가르치기보다 일상에서 질문을 삶과 연결시키는 훈련을 해보자. 공원으로 나들이 가서 공놀이를 하는데 공이 저절로 굴러가는 모습을 보았다면 "무거운 짐도 공처럼 스스로 굴러가게 하면 어떨까?"라고 질문해 보자. 물건을 실어 나르는 도구의 원리와 연결되게 하는 것이다. 날아가는 새를 보면서 '나도 새처럼 날 수 있는 방법이 없을까?'라는 질문을 한 것이 지금의 비행기를 만들어낸 것처럼 말이다.

배달 음식을 시키면 따라오는 고무줄을 가지고 대단한 놀잇감을 발견한 듯이 기뻐하며 고무줄놀이를 짧게 해보자. 그 후에 "고무줄의 특성이 뭐니?"라고 질문해 주어야 한다. 대부분의 아이는 "늘어나는 거요"라고 대답한다. 그럼 이렇게 질문을 덧붙여보자.

"고무줄처럼 늘어났다가 줄어들었다가 하는 것들이 있으면 편리하겠다. 어떤 물건이 고무줄처럼 탄력성이 있으면 좋겠니?"

"우리 주변에 고무줄의 탄력성을 이용한 물건이 무엇이 있을까?"

답은 아주 많다. 바지 허리춤의 고무줄이나 늘어나는 성질이 있는 옷감, 새총, 각종 운동 기구를 떠올려보자. 생각이 부자인 유대인들은 질문이 곧 생활이라고 했다. 특별한 과학 실험 도구가 있어야 과학을 공부한다고 말하는 우리와는 다르다. 생활 속에서 삶과 직접 연결하는 질문이 창조성의 시작이다.

존중이 깃든 질문

생각 부자의 질문에는 존중이 함께한다. 누군가에게 칼을 쥐여주면 어떤 일이 벌어질까. 칼을 바르게 사용하면 편리하고 꼭 필요한 도구가 되지만 바르게 사용하지 못하면 무서운 흉기가 될 수 있다. 질문도 마찬가지다. 질문의 본질에서 벗어나 사용하면 위험해지지만 본질에 맞게 사용하면 위대한 힘을 발휘한다. 칼날의 양면처럼 질문도 양면을 가지고 있다. 좋은 질문은 편리하고 꼭 필요한 도구가 되지만 나쁜 질문은 상처를 주고 마음과 생각을 아프게 하는 수단이 된다.

"언제 끝나요?"라는 질문을 보자. 그 자체로는 좋지도 나쁘지도 않은 질문이다. 그런데 상황에 따라서는 같은 질문도 다른 역할을 할 수 있다. 아이와 도산서원에 가서 벌어진 일이다. 나는 서원에 대해 설명해 주시는 도우미 선생님을 따라 아이를 데리고 걸었다. 더운 날 부모 때문에 듣고 싶지 않은 안내를 듣게 된 아이는 기분이 나빠져 있었다. 도우미 선생님이 땀을 흘리며 수고로이 말을 끝낸 후 "궁금한 게 있는 어린이는 질문해 보세요"라고 했다. 그러자 우리 아이가 손을 번쩍 들었고 선생님 얼굴이 밝아졌다. 아이는 불만에 가득한 표정으로 "언제 끝나요?"라고 질문했다.

상대를 기분 나쁘게 하는 질문은 좋은 질문이 아니다. 자신과 상대의 마음에 피해를 주면 나쁜 질문이다. 나는 아이를 조용히 불러 한쪽으로 가서 스스로에게 질문하도록 했다. 그 질문이 도우미 선생님에게 어떠한 마음을 들게 했을지 스스로 묻고 답해보도록 했다. 다른 사람이 가르쳐 주기보다는 자기에게 질문하는 과정을 통해 다른 사람의 감정에 공감하고 자기를 성찰하는 효과를 기대할 수 있다.

엄마 | 네가 친구들에게 무언가 열심히 설명하고 있을 때 친구들이 어떤 말을 해주길 바라니?

아이 | '고마워'나 '재미있다'는 말을 해주면 좋겠어.

엄마 | 그런데 한 친구가 언제 끝나는지 묻는다면 네 기분이 어떨지 말로 표현해 볼래?

아이 | 힘이 빠져. 친구가 미워.

아이가 잘못했을 경우 직접 나무라기보다 상대방의 감정을 느껴보고 성찰할 수 있는 질문을 던지는 것이 좋다. 이를 통해 아이는 존중을 받게 되고, 존중을 가슴속에 품고 있다가 다른 사람에게 꺼내어 쓸 줄 알게 된다. 질책만 받고 존중은 받지 못한 아이는 다른 사람을 존중할 수 없는 것이 당연한 원리다. 부모에 의해 잘못을 지적받는 것은 부정적 감정을 동반하지만 아이 스스로 질문에 답을 찾아가는 과정은 행동 변화를 동반한다.

'너에게서' 원인을 찾는 질문

생각 빈자는 '너에게' 질문하고, 부정적으로 질문하며, 목적이 없는 질문을 한다. 너에게로의 질문은 남을 탓하는 습관에서 비롯된다. 부모가 아이를 훈육할 때 "네가 잘못한 게 뭐니?"라고 하면 아이는 대답할 말을 찾으며 자신의 부족함만 깨닫게 된다. 스스로 잘못을 뉘우치게 하려면 "다음에 같은 상황이 생겼을 때 어떻게 하면 좋겠니?"라고 질문해 주어야 한다. 그래야 상황에 대처하는 방법을 생각하면서 스스로 무엇을 잘못했는지 뉘우치게 된다. "친구가 왜 나랑 놀아주지 않을까?"라고 질문하면 친구에게서 원인을 찾게 되지만, "친구랑 함께 놀기 위해서는 어떻게 해야 할까?"라고 질문하면 내가 할 수 있는 방법을 찾게 된다.

부정적인 대답을 이끄는 질문

부정적 질문은 부정적 대답을 이끌고 긍정적 질문은 긍정적 대답을 이끈다. 일상에서 흔히 묻게 되는 질문을 긍정적으로 바꿔 보자.

- 나에게 부족한 것이 무엇일까?

→ 내가 할 수 있는 것은 무엇일까?

- 실패하지 않았다면 어떻게 되었을까?

→ 지금과 같은 실패를 반복하지 않으려면 어떻게 해야 할까?

- 예전처럼 1등을 할 수 있으면 얼마나 좋을까?

→ 1등을 하기 위해 무엇을 해야 할까?

- 나는 왜 가난할까?

→ 어떻게 하면 부자가 될까?

- 나는 왜 실패만 할까?

→ 실패를 통해 배운 것을 어떻게 적용할까?

- 나는 왜 이렇게 우울할까?

→ 어떻게 하면 기분이 좋아질까?

왜 틀렸는지, 왜 못했는지 자신을 질책하는 질문은 자존감을 낮추고 도전을 두려워하게 만든다. 질문을 어떻게 하느냐에 따라 생각의 방향이 달라지고 자기 인식에 영향을 준다.

목적 없는 질문

생각 빈자는 목적이 없는 질문을 한다. 목적이 없는 질문은 듣고자 하는 대답이 분명하지 않다는 뜻이다. 예를 들어 아이에게 "학교에서 뭐 배웠니?"라고 질문하는 것은 목적이 없는 질문이다. 남편이 아내에게 "하루 종일 뭐했어?"라고 묻는 것과 같은 수준이다. 아이가 오늘 학교에서 무엇을 배웠는지 모두 듣기 위해서 던진 질문은 아닐 테고, 목적이 분명하지 않으니 대답도 분명하게 나올 수 없다.

교사들이 수업 마지막에 "오늘 재미있었니?"라고 묻거나 강사들이 "오늘 강의 좋았습니까?"라고 묻는 것, 부모가 아이와 즐거운 하루를 마무리하면서 "오늘 어땠어?"라고 묻는 것도 목적이 없는 형식적 질문이다. 만약 정말로 강의에 대한 평가를 받고 싶다면 "오늘 강의 중 좋았던 점은 무엇입니까?"처럼 물어야 한다.

질문을 무조건 많이 하게 하는 것보다 목적이 있는 질문을 하게 하는 것이 바람직하다. 부모가 많은 돈을 물려주어 부자가 되게 하는 것보다 쓰면 쓸수록 늘어나는 생각을 물려주어 생각 부자가 되게 하는 것이 자식을 더 큰 부자로 살게 한다.

말하지 않을 권리를 인정하라

계단을 오르듯이

공개 수업이 열리는 날, 아이가 발표를 하면 부모는 뿌듯한 기분을 느낀다. 그런데 아이가 질문을 하면 부모는 긴장한다. '쓸데없는 질문을 하지는 않을까.' '질문은 설명을 이해하지 못했을 때 하는 것인데, 그것도 몰라서 질문을 하네. 학원 좀 보내야겠다.' 이렇게 받아들인다. 거꾸로 교사가 내 아이에게 질문해도 긴장한다. 아이가 틀린 답을 말하지는 않을지 눈치를 본다. 부모들이 선행학습을 시키는 이유 중 하나가 미리 알고 수업에 들어가면 잘 몰라서 창피당하거나 무시당하는 일이 없을 것이라고 여기는 데 있다.

우리는 질문에도 정석이 있다고 생각하는 교육 문화 속에서 살고 있다. 그래서 질문을 잘 만드는 방법을 가르치고 배우고 있는

지도 모른다. 나는 사교육에 흔들리지 않으면서도 아이가 큰 인물이 될 것이라고 자신한다. 그 이유는 엄마인 나의 가치관과 삶이 살아 있는 교과서가 되고 있다는 믿음에서 나온다. 내가 늘 반듯하게 살고 있다는 뜻이 아니다. 가치 있는 일과 돈 중 어느 쪽을 선택하는가, 부자가 되는 것과 부자의 사고를 하는 것 중 어느 쪽을 선택하는가를 두고 항상 스스로에게 질문하는 삶을 살고 있다는 뜻이다.

부모가 항상 공부해야 하는 이유는 육아 정보를 듣기 위해서가 아니라 부모 자신의 삶을 위해서여야 한다. 아이를 잘 키우기 위해서는 부모가 먼저 잘 커야 한다는 말이다. 질문을 잘하는 아이로 키우기 위해서 아이에게 질문하는 방법을 가르치지 말고 부모가 잘 질문하는 모습을 보여주면 된다.

질문이 꽃 피는 가정을 가꾸는 정원사는 아이가 아니라 부모다. 질문이 공부가 아니라 생활이 되는 가장 기본적인 방법은 계단을 오르듯 질문하는 것이다. 계단 꼭대기에 오르는 유일한 방법은 첫 번째 계단부터 밟고 오르는 것이다. 질문도 마찬가지로, 우선 질문에 대한 인식을 바꾸고 다음으로는 일상과 나에 대해 질문해야 한다. 그래야 마지막 단계로 학문 연구와 같은 고차원적 질문을 할 수 있다. 아이들에게 질문 환경을 만들어주기 위한 단계별 방법은 다음과 같다

① 질문 반기기

② 대답하지 않을 권리 인정하기

③ 목적 있는 질문하기

④ 질문 재료 만들기

⑤ "조용히!" 구분하기

질문을 환영하자

첫 번째로 질문을 반겨주어야 한다. 우리 뇌는 질문을 거절하지 않는다. 다만 두려움이 방해할 뿐이다. 창의적인 생각을 떠올리는 질문을 기대하지 말고 어떤 질문이라도 수용하고 반겨주자. 작은 질문으로도 뇌는 창조적인 과정에 착수한다. 아이가 질문할 때는 신속하고 정확한 대답을 하려고 하지 말고 "좋은 질문이구나"라는 말로 질문을 반기고 허용해 주어야 한다.

곤란하게 하는 질문을 하더라도 "그걸 질문이라고 하니? 생각 좀 하고 말해라. 그건 나쁜 질문이야"라고 하면 안 된다. 그럼 아이는 '다시는 질문하지 말아야겠다'는 마음을 가지게 된다. 난감한 질문을 받았다면 "질문이 생겼구나"라며 질문을 반겨주고 나서 "대답하기 곤란한 질문인데, 엄마가 대답할 수 있는 질문으로 다시 바꾸어 말해줄래?"라고 되물어 스스로 생각할 시간을 준다.

아이들의 질문을 환영하고 허용하는 분위기를 만들고 부모 스스로도 어느 장소 어떤 상황에서나 질문하기를 스스로 허용해야 한다. 평상시 "엄마는 이게 궁금해. 질문하고 싶어"라는 말을 자주 사용하면 질문 대화가 더 자연스러워진다. 실제로 궁금한 것이 많아지면 묻게 되고, 물으면 아는 것이 많아지고, 아는 것이 많아지면 질문이 고급스러워진다.

하루는 아이가 책에서 읽은 궁예에 대한 역사 이야기를 꺼냈다. 질문이 습관이 된 나는 궁예가 왜 한쪽 눈을 가리게 되었는지 궁금했다. 역사를 배우고 드라마에서도 궁예를 본 적이 많았지만 왜 한쪽 눈을 가리게 되었는지 궁금하지 않았다는 것을 그제서야 깨달았다. 아이에게도 "궁예가 왜 한쪽 눈을 가리게 되었니?"라고 물었는데 아이는 "몰라요. 그건 책에 안 나와 있었어요"라고 한다. 옆에 있던 남편에게 물으니 남편도 기억이 나지 않는다고 한다. 간단히 검색해서 궁예가 눈을 가리게 된 사연을 큰 소리로 읽었다. 그날 우리 가족의 입에서는 "아하!"라는 소리가 흘러나왔다. 내가 궁예에 대해 궁금해하지 않았다면 질문도 없었을 것이다. 질문이 없으면 새로운 사실을 생각할 일도 없다. 사고 과정이 줄어든다.

평상시 부모의 질문을 아이가 반겨주고 아이의 질문을 부모가 반겨주자. "좋은 질문이구나" "네 질문 덕분에 생각이 깨어나게 되어 고마워"라는 말을 자주 하고, 부모가 먼저 "이게 궁금해"라는 말을 습관처럼 사용하면 질문이 많아진다. 사람은 누구나 나를 반겨주는 곳을 더 자주 찾는 법이다. 질문을 반겨주면 질문을 더 자주 찾게 된다.

"그 질문에는 대답하고 싶지 않아요"

다음으로, 대답하지 않을 권리를 인정해야 한다. 우리나라는 묻는 말에 대답하지 않으면 예의 없는 행동이라고 가르친다. 하지만 대답하지 않을 권리도 있다. 그렇다고 가만히 입을 다물고 있으면 무례가 되니 "대답하기 곤란합니다" "그 질문에는 대답하고 싶지 않습니다"라고 의사 표현을 하도록 해야 한다.

대답하지 않을 권리가 있다는 것은 반대로 질문하지 않을 권리도 있다는 의미다. 질문하지 않는 것이 잘못된 것도 나쁜 것도 아니다. 아이가 평소 말수가 적고 발표도 거의 하지 않아 걱정이라며 하브루타 수업에 보낸 엄마가 있었다. 그런데 아이는 질문 만들기가 어렵다며 수업에 가기 싫어했다. 그 엄마는 나를 찾아와 어떻게 해야 하는지 상담했다. 질문의 힘이 위대하다는 것에는 동의하지만, 우리 문화에서 자란 아이들의 마음을 고려하지 않고 무조건 질문하는 연습을 시키는 것까지 좋다고 말할 수는 없었다.

나는 그 엄마에게 "질문을 왜 해야 한다고 생각하세요?"라며 말을 꺼냈다.

질문은 자기 안에서 묻고 싶은 것이 일게 될 때 가치를 더한다. 내가 처음 아이들과 생각 키우기 수업을 하던 때가 떠올랐다. 그때는 질문을 해야 생각이 커진다는 것만 중요하게 여겨서 아이들에게 '질문 몇 개 이상 만들기' '질문 많이 만들기'라는 목표를 주고 수업을 했었다. 하지만 스스로 생각하는 연습이 되지 않은 아이들은 부담을 느껴 생각을 더 닫아버릴 수 있다는 점을 고려하지 못한 조치였다.

질문하지 않을 권리와 대답하지 않을 권리가 있다는 것을 인정하니 아이들이 질문을 더 즐겁게 느끼고 질문이 맛있다고 한다. 질문하고 대답하기를 강요하지 말고, 질문하고 싶은 마음이 자연스럽게 일도록 해주어야 한다.

한 상궁의 가르침

질문의 정상에 오르기 위한 세 번째 계단은 목적 있는 삶을 살게 하는 것이다. MBC 드라마 〈대장금〉에서는 한 상궁이 주인공인 어린 장금이에게 물을 떠 오라고 한다. 장금이가 물을 떠 오면 다시 떠 오라고 한다. 계속해서 다시 물을 떠 오라는 한 상궁의 말을 듣고 장금이는 열심히 물을 떠다 나르다가 "어찌하여 물을 떠 오라 하십니까?"라며 따지듯 묻는다. 한 상궁은 "너는 이미 알고 있느니라"라며 스스로 생각해 보도록 시킨다. 장금이는 엄마가 했던 행동을 떠올리며 한 상궁에게 "혹, 속이 더부룩하지 않으십니까? 오늘 변은 보셨나요? 목이 아프지는 않으신가요?"라고 다시 묻는다.

부모들은 아이들이 권력에 순종하는 장금이가 되기보다 목적을 찾는 장금이가 되도록 해야 한다. 그러려면 한 상궁이 되어 스스로 생각하게 해야 한다. 어른들의 권력에 길들여져 가는 아이들은 "엄마 이거 해도 돼?" "선생님 이거 해요?"라는 질문을 달고 산다. 아직 사리 분별이 어려운 아이들이라 어른의 가르침이 필요하지만 실제로 꼭 허락을 받아야 할 만한 내용은 거의 없다. 아이 입에서 허락을 구하는 질문이 많아지면 한 상궁처럼 스스로 생각할 기회를 주어야 한다.

아이 | 엄마, 이거 해도 돼?

습관적으로 부모에게 허락을 구하는 아이들도 있고, 스스로 위험이 판단되거나 새로운 활동들은 해도 되는지 허락을 구하는 아이들도 있다.

엄마 | 이거라고 하면 뭘 말하는지 잘 모르니 구체적으로 이야기해 줄래?

구체적으로 질문하도록 질문을 되돌려준다.

아이 | 바느질로 미니 복주머니를 만들고 싶어.

엄마 | 아, 지난번에 만들었던 미니 베개처럼 말이니?

대화의 소통을 위해 확인한다.

많은 것 중에 복주머니를 만들고 싶은 이유가 궁금하네.

아이 스스로 행위의 목적을 생각해 보도록 질문한다.

아이 | 옛날 사람들은 복주머니를 지갑처럼 사용했잖아. 토순이에게 지갑을 만들어주고 싶어.

자기가 하고자 하는 목적을 말한다.

엄마 | 바늘을 사용할 때 찔리지 않도록 안전에 주의해야 하는데 괜찮겠니?

안전에 주의할 점을 알려주고 안전을 고려하여 선택할 기회를 준다.

아이 | 뾰족한 바늘을 쓸 때 손가락이 찔리지 않도록 잘 넣

고 뺄게.
아이가 생각을 말한다.

엄마 | 바늘을 사용한 후에는 안전하게 바늘통에 넣어서 정리해야 해.
아이의 말을 들어주고 보태고 싶은 것이 있다면 이런 점도 있다고 말해준다.

엄마의 허락에 의해 선택하는 것이 아니라 자기가 하고자 하는 목적에 의해 선택하고, 목적이 위험하거나 돌이킬 수 없는 해를 끼치는지를 스스로 가늠하게 하는 과정이다. 충분히 연습하면 대화가 다음과 같이 짧아진다.

아이 | 엄마, 바느질해도 돼?
'이거'에서 '바느질'로 설명이 구체화된다.

엄마 | 너한테 물어보렴.

이러한 과정을 통해서 점점 스스로 생각하고 판단하는 자기 생각에 주인으로 책임을 다하는 아이로 성장한다. 생각의 주인으로 살기 시작하면 "엄마, 해도 돼?"라는 질문이 '나는 이것을 왜 하려고 하는가?' '이것의 문제점은 무엇인가?' '이것의 효과는 무엇인가?' 등 목적 있는 질문으로 바뀐다. 한 상궁은 장금이에게 물 떠 오라는 심부름을 시키며 마지막에서 "한갓 물도 그릇에 담으면 음식이 되는 것을 알겠느냐"라고 묻는다. 질문도 생각과 목적이 담기면 삶의 철학이 된다.

재료가 있어야 질문이 나온다

다음으로 질문 재료 만드는 것에 대해 알아보자. 질문거리가 없는데 질문을 하라고 하면 마른걸레를 비틀어 짜는 것과 같다. 생각하지 않는 아이들, 생각을 하기 싫어하는 아이들은 질문 재료가 적다. 총에 열 발의 총알을 넣고 열 발 이상 쏘라고 강요한다고 해서 그 이상을 쏠 수는 없다.

스스로 관심이 있는 것에는 생각하지 말라고 해도 생각을 하게 된다. 스스로 생각하는 과정에는 질문이 따라다닌다. 생각하는 과정에 의욕이 불붙으면 질문 재료가 풍부해진다. 스스로 생각하는 아이, 의욕 있는 아이로 자라도록 환경을 만들어주어야 한다.

장금이가 물을 왜 떠 와야 하는지 스스로 깨달은 후에 질문이 많아진 것처럼 말이다. 질문 재료는 암기식 공부법으로 찾을 수 없다. 생각하는 공부법으로만 발견할 수 있다.

교육과 사육

마지막으로 "조용히!"라고 말해야 할 곳과 그러지 않아도 될 곳을 구분할 수 있어야 한다. 우리는 어디를 가든 아이에게 조용히 하라고 한다.

유치원 현장에서 근무할 때, 내가 아이들을 교육하는 것인지 사육하는 것인지 고민하며 괴로워했던 적이 있다. 교사들은 아이들을 만나는 순간부터 조용히 하라고 가르친다. 통학 버스에서 조용히 하라고만 가르쳐놓고 오줌 마렵다는 말을 못 해서 바지에 실수한 아이에게 왜 말하지 않았느냐며 나무란다. 유치원으로 들어오는 순간부터 '발걸음 사뿐히, 입은 조용히'라고 말하고 교실에서는 선생님이 묻는 말 외에는 항상 '입은 뽀뽀'라고 외친다. 유치원 교사가 가장 많이 하는 말이 아마도 '입은 뽀뽀'일 것이다. 이런 상황은 유치원뿐만 아니라 어느 교육 기관이나 비슷하리라 본다.

아이들이 입을 열고 생각을 열기 위해 현장학습을 가지만 형식

일 뿐이다. 현장학습에는 선생님의 지시에 따라야 한다는 규칙이 있고 현장학습 내내 조용히 하라는 주의를 들어야 한다. 교육인가, 사육인가. 나는 교육자이지 사육사가 되고 싶지는 않았다.

그래서 내가 가장 먼저 개선한 것이 "조용히!"라고 외쳐야 할 곳과 그러지 않아도 될 곳을 구분하고 말할 줄 아는 아이가 되도록 환경을 만드는 것이었다. 유치원뿐만 아니라 부모와 자식의 일상도 마찬가지다. 나는 아이와 도서관에 즐겨 가지만, 아이를 도서관을 데리고 가서 가장 미안한 점이 조용히 하라고 교육해야 한다는 사실이다. 도서관은 생각의 보물 창고다. 생각이 생기면 질문을 하고 싶고 말을 하고 싶은 것이 본능이다. 생각을 나누면 토론이 된다.

유대인의 도서관 풍경을 영상으로 본 적이 있다. 시장통보다 더 시끄러워서 마치 경매장 같은 모습이었다. 우리 아이들에게 생각하는 힘을 키워주고 싶다면 입을 열 수 있는 환경을 만들어주어야 한다. 물론 도서관이 놀이터는 아니다. 나는 '도서관은 놀이터'라는 말과 '책 놀이' '독서 놀이'라는 말을 싫어한다. 도서관은 생각이 노는 놀이터지 몸으로 노는 놀이터가 아니다. 도서관은 생각터, 말터여야 한다. 생각이 놀려면 입을 열 수 있어야 한다. '세상에서 가장 시끄러운 도서관'으로 유명한 유대인의 예시바Yeshivah처럼 만들지는 못하더라도 책을 읽다가 질문이 떠오를 때 대화할 수 있는 정도의 독서 환경은 필요하다. 입을 닫아야 할 곳과 열어야 할 곳을 구분하여 사색하는 시간과 생각을 키우는 시간을 모두 가져야 한다.

일상의 언어가 달라지면 아이의 행동이 변한다

방법을 몰라 고민하는 부모들

부모들이 전문가인 내게 가장 많이 하는 말은 '어떻게'다.

"아기가 잠을 안 자요. 어떻게 해야 하나요?"

"아이가 밥을 안 먹을 때는 어떻게 하죠?"

"독서 지도를 어떻게 해야 할지 모르겠어요."

"어떻게 공감하고 대화해야 하나요? 감정 코칭은요?"

"문제 행동은 어떻게 지도할까요?"

내용은 다양하지만 결국 '어떻게' 할지 방법을 묻고 있다. 아이들의 생각을 키워주기 위해서 질문을 해야 한다고 강의할 때도 마찬가지다. 어떻게 질문을 해야 하는지 말문이 막힌다는 하소연이 터져 나오고 질문 지침서가 있으면 좋겠다고 한다.

질문에 익숙하지 않은 부모들은 무엇을 어떻게 해야 할지 몰라 질문하지 않게 된다. 질문의 핵심은 관심이다. 어떤 질문을 할까 고민하기 전에 질문을 되돌려주면 된다. 질문이 서툰 부모들에게 도움이 되기를 바라며 상황에 따라 대화의 문을 열어주는 예를 몇 가지를 소개하겠다.

명령을 질문으로

부모들이 가장 많이 쓰는 문장 형태가 명령이다. 명령을 질문으로 바꾸어보자. 지시에 의해 움직이는 기계적 사고에서 벗어나 스스로 사고하는 자율적 아이가 되도록 하며, 쉽게 생각을 키우는 좋은 교육 방법이 된다.

- "정리해."

→ "정리는 언제 할 계획이니?"

- "빨리빨리 해."

→ "빨리 서둘러야 하는 이유가 무엇일까?"

- "사이좋게 놀아."

→ "사이좋게 노는 방법은 무엇이 있을까?"

- "게임 그만 해."

→ "정해진 게임 시간을 넘길 때 어떻게 하기로 했을까?"

과거 지향적 질문을 미래 지향적 질문으로

과거 지향적 질문을 미래지향적 질문으로 바꾸는 것도 좋은 방법이다. 과거를 위한 질문은 결과에 대한 질책이나 부족한 점을 상기시킨다. 미래를 위한 질문은 과거의 잘못의 경험을 바탕으로 어떻게 해야 할지 해결책을 제시한다.

- "무엇이 잘못되었을까?"

→ "어떻게 해야 할까?"

- "조금 더 잘했다면 어떻게 되었을까?"

→ "조금 더 잘하기 위해서는 무엇이 필요할까?"

- "숙제를 왜 안 했니?"

→ "숙제를 잊지 않고 하기 위해서는 어떻게 해야 할까?"

- "이 안 닦아서 어떻게 됐니?"

→ "이를 안 닦으면 어떻게 될까?"

학교 다녀온 아이에게

유대인은 자녀가 학교에서 돌아오면 "무슨 질문을 했니?"라고 묻는다고 한다. 대한민국 아이들은 유대인이 아니다. 오늘 무슨 질문을 했냐고 물으면 질문 없는 학교에 다니는 아이들에게 엄마가 답 없는 숙제를 내주는 꼴이다. 아이에게 왜 질문하려고 하는지 먼저 생각해 보고 그에 따라 다음과 같이 표현을 바꿔보자.

→ "오늘 학교에서 특별히 재미있던 일은 무엇이니?"

→ "오늘 학교에서 불편한 감정을 일으킨 일이 있었다면 무엇이니?"

→ "국어 시간에 인상 깊었던 내용이 무엇이니?"

과목명을 구체적으로 밝히자.

→ "학교에서 도움을 받았거나 도움을 준 일은 무엇이니?"

→ "오늘 학교에서 네가 새롭게 알게 된 사실이 궁금해."

→ "오늘은 누구랑 놀았니?"

→ "오늘은 주로 무슨 놀이를 했니?"

오늘 무엇을 배웠냐고 두루뭉술하게 묻는다면 질문이 구체적이지 못하기 때문에 아이도 무엇을 대답해야 할지 모르게 된다. 단순히 '재미있었니?'라고 물으면 목적 없는 질문이 된다. 재미있는 순간도 있었을 것이고, 그렇지 않은 순간도 있었을 것이다. 질문을 구체화하자.

행동을 변화시키고 싶다면

사람은 스스로 생각해서 깨달은 내용을 더 잘 기억한다. 엄마가 반복적으로 설명하고 잔소리하기보다 질문을 통해 아이 스스로 해결하고 답을 찾게 하자. 이 과정에서 아이의 행동이 변한다.

- 쓰레기를 바닥에 버리는 아이에게

→ "모든 사람이 쓰레기를 바닥에 버리면 어떤 일이 일어날까?"

- 교통질서를 지키지 않는 아이에게

→ "도로에 신호등이 없다면 어떻게 될까?"

- 싸우는 아이에게

→ "어떻게 하면 서로 불만스럽지 않게 지낼 수 있을까?"

- 반복되는 잔소리를 해야 하는 아이에게

→ "엄마가 왜 너에게 ○○하라고 말한다고 생각하니?"

- 행동이 고쳐지지 않는 아이에게

→ "그 행동을 언제 바꿀 계획이니?"

금지와 명령 뒤에 "괜찮겠니?"라는 말을 붙이면 아주 좋은 질문이 된다. 다음과 같이 활용해 보자.

- "빨리해. 지각이야."

→ "5분 후에 집을 나서지 않으면 지각하는데 괜찮겠니?"

- "날이 더워서 긴 옷 입으면 안 돼."

→ "몹시 더울 텐데 긴 옷을 입어도 괜찮겠니?"

- "목욕을 싫어해서 어쩌려고 그러니. 빨리 씻어."

→ "목욕하지 않으면 냄새가 나서 네 옆에 아무도 가지 않을 텐데 괜찮겠니?"

→ "더러운 균을 씻어 내지 않으면 피부병이 생길 텐데 괜찮겠니?"

문제 해결력을 돕는 질문

"네 생각은 어떠니?"라는 말은 생각을 해본 경험이 부족한 우리 아이들에게 스트레스를 주는 질문이다. 이렇게 질문하면 아이는 오히려 생각을 회피하고 싶어진다. "네 생각은 어떠니?"라는 막연한 질문보다는 "너는 이 점에 대해 어떻게 생각하니?"라고 구체적으로 물어야 한다.

→ "어떻게 해야 이 문제가 해결될까?"

→ "문제를 해결하기 위해 내가 할 수 있는 일은 무엇일까?"

→ "또 어떤 방법이 있을까?"

→ "이 문제를 해결하면 어떤 점이 좋을까?"

→ "이 문제에 대한 네 생각은 어떠니?"

→ "만약에 ○○라면 이 문제를 어떻게 해결할까?"

결정이나 선택을 할 때

생각을 키우기보다 대답을 원하는 질문이 필요할 때가 있다. 생각을 열어주는 질문이 모든 상황에서 좋은 것은 아니다. 무엇인가를 결정하고 선택할 때나 의견에 답을 구할 때는 대답을 원하는 질문을 사용해 주어야 한다. 예를 들면 다음과 같다.

- "방학에 어디 가고 싶니?"

→ "방학에 바다로 갈까? 계곡으로 갈까?"

- "뭐 먹고 싶니?"

→ "고기 종류를 먹을까? 면 종류를 먹을까?"

"구체적으로 말해줄래?"나 "좀 더 알기 쉽게 말해줄래?"도 이런 상황에서 활용할 수 있는 좋은 질문이다.

가정해서 질문하기

잔소리가 하고 싶을 때, 아이가 자기 입장에서 벗어나 타인의 입장을 고려해야 할 때, 상상력과 창의력을 키우고 싶을 때는 가정해서 질문하기를 해보자.

→ "만약에 네가 ○○한다면 어떻겠니?"
→ "만약에 네가 엄마라면 이 상황에서 아이에게 어떻게 할 것 같니?"
→ "만약 자동차가 날아다닌다면 어떤 변화가 있을까?"
→ "만약 동생이라면 어떤 마음이 들까?"

일상에서 질문하기

일상에서 질문을 활용하면 생각을 키울 수 있다. 다음과 같이 상황에 따라 질문을 해보자.

• 머리를 말려주다가

→ "헤어드라이어는 누가 만들었을까?"

→ "헤어드라이어에서 어떻게 바람이 나올까? 바람이 왜 머리를 말릴까?"

→ "헤어드라이어를 쓰지 않고 머리를 말릴 방법은 없을까?"

- 외출 후 집으로 들어오는 길에

→ "누가 아파트를 제일 처음 생각했을까?"

→ "어떻게 아파트를 만들 생각을 하게 되었을까?"

→ "1층으로 된 옛날 집과 높은 아파트의 차이는 무엇일까?"

→ "엘리베이터가 없었다면 어떻게 되었을까?"

→ "엘리베이터는 언제부터 만들어졌을까?"

→ "엘리베이터는 어떻게 움직일 수 있을까?"

→ "엘리베이터를 움직이는 원리와 같은 것은 무엇이 있을까?"

- 비가 오는 날에

→ "우산이 없는 옛날에는 비가 오는 날 어떻게 다녔을까?"

→ "우산을 들고 다니니 불편한데 더 편리한 방법은 없을까?"

→ "비가 안 오면 어떻게 될까?"

→ "어떻게 비가 오는 것일까?"

→ "왜 비라고 했을까?"

→ "해는 어디로 갔을까?"

→ "해도 우리처럼 집이 있을까?"

마음을 열어주는 질문

마지막으로 아이의 마음을 열어주는 질문을 알아보자. 질문을 통해 아이와 소통할 기회를 찾을 수 있다.

→ "무슨 일 있었니?"

→ "표정이 어두운데 무슨 일이니?"

→ "기분이 어때?"

→ "어떻게 하면 기분이 괜찮아질까?"

→ "엄마가 무엇을 도와주면 좋겠니?"

→ "네 마음은 어떤지 궁금해."

→ "그런 상황에서 어떻게 하고 싶었니?"

→ "화난 정도가 1에서 10까지 숫자 중 몇이니? 숫자를 좀 더 낮추려면 어떻게 해야 좋을까?"

→ "엄마랑 대화를 나누니 마음이 숫자 몇이 되었니?"

질문의 간단한 예시들을 살펴보며 질문이 어려운 건 아니라는 것을 알았을 것이다. 질문이 어려워서 못 하는 것이 아니라 우리에게 질문하는 문화가 없었기 때문에 낯설다는 점을 알게 된다.

질문은 대화의 문을 여는 하나의 수단이다. 우리나라는 유교문화라서 부모가 자녀에게 수직적으로 훈계하여 가르치는 게 익숙하다. 또, 빨리빨리 문화에 익숙한 우리나라 부모들에게 질문과 대답을 주고받는 대화를 통해 스스로 생각하게 하는 과정이 답답하게 느껴진다. 명령과 지시로 훈계를 하여 바로 행동의 변화를 요구하는 것에 익숙해진 탓이다. 하지만 우리에게 익숙한 명령과 지시에서 벗어나 자녀의 생각을 열어주는 질문과 대화가 익숙해지도록 노력할 것인지는 부모의 선택이다.

세상에는 좋은 교육 방법이 분명히 존재하고 그 방법도 다양하지만, 내 자녀의 양육 방식에 세상이 정해놓은 정답은 없다. 아이의 성향에 맞추어 부모와 상호작용 하며 조절해 나가야 하는 것이다. 조절하는 과정에서 부모와 아이의 마음과 생각을 주고받는 대화 없이는 원만한 관계를 유지하기 어렵다. 그래서 부모와 대화를 자주 하는 아이들은 대화를 밑거름 삼아 부모와의 관계는 물론이고 더 나아가 스스로를 건강하게 성장시켜 나가는 힘을 얻는다.

에필로그

아이와의 대화도 연습이 필요하다

방학을 맞아 아이와 서울로 나들이를 간 날이었다. 이전에도 몇 번 다녀갔던 도시지만 어릴 때라 기억이 없는지, 새로운 곳으로의 여행이 아이에게는 즐겁기만 한듯했다. 서울에 도착해서 아이가 내게 가장 많이 한 말이 있다. "엄마, 서울 사람들은 자연스러워"다. "엄마가 이해하지 못해서 그러는데, 자연스럽다는 게 무슨 뜻인지 좀 더 자세히 설명해 줄래?"라고 묻자 아이가 대답했다.

"엄마는 자꾸 두리번두리번하고 멈춰서 안내판을 찾고 그러는데 서울 사람들은 그냥 자연스럽게 걸어가."

나는 서울에 자주 다니는 편이지만 그날 가는 목적지는 거의 초행길이라 익숙하지 않았는데, 아이 눈에는 그런 내가 서툴게 보였던 것이다. 어른이어도 처음 가는 길은 불안하다. 혹시 잘못 가고 있는 것은 아닌지 의심하게 된다. 익숙해질 때까지는 당연한 과정이다. 아이와 낯선 길을 가는 것에 대해 대화를 나누었다.

엄마 | 그렇구나. 엄마가 보지 못한 것을 보았구나. 네 관찰력에 엄지 척!

아이의 마음을 살리는 말을 하며 눈을 찡긋하고 웃어주었다.

반대로 서울 사람들이 우리가 사는 도시에 온다면 어떨까?

'처음이면 서툴다'는 사실을 가르치지 않고 스스로 생각할 수 있게 시간을 주었다.

아이 | 당연히 엄마처럼 두리번두리번할 것 같은데.

엄마 | 그래? 왜 그렇게 생각하는지 네 이야기가 듣고 싶은데.

직접 질문해서 묻지 않고 궁금하다는 메시지만 담았다.

아이 | 처음에는 잘 모르니까 그래. 자꾸 경험하면 자연스러워져.

아이가 스스로 생각해서 답했다. 아이는 앞으로 처음 경험하는 일을 만나도 자신이 서툴다는 사실에 불안해하지 않고, 이를 당연하게 받아들이며 익숙해지기 위해 열심히 연습할 것이다.

서울 나들이를 마무리하는 저녁 시간, 집으로 돌아가기 위해 지하철을 타려는데 역에서 노숙자를 본 아이가 깜짝 놀랐다.

아이 | 엄마, 저 사람은 왜 저기서 자?

엄마 | 어머, 왜 저기에 누워있지?

바로 답을 말해주지 않고 아이의 생각을 유도했다.

아이 | 집이 없어서 그래?

엄마 | 집이 없을 수도 있겠다. 집이 없어도 돈이 있으면 잠잘 곳은 있을 텐데.

아이의 말을 인정하면서 논리적이지 못한 부분은 반박했다.

아이 | 집도 없고 돈도 없나 봐. 옷도 더럽고 지저분하잖아.

엄마 | 엄마가 알기로는 저녁이 되면 역 주변에 노숙자들이 많이 모여든단다. 오늘은 저분이 첫 번째로 온 것 같구나.

노숙자에 대한 이야기로 마음과 생각을 키우고 싶어 의도적으로 대화의 방향을 틀었다.

아이 | 노숙자가 뭐야?

아이들이 어른들만큼 아는 것 같이 느껴질 때도 있지만, 아이들은 일상에서도 처음 듣는 어휘가 많다. 모르는 것을 질문할 줄 아는 아이로 키우자. 아이들이 못 알아들을까 봐 친절히 설명해 주기보다는 아이가 무슨 뜻인지 먼저 물어보게 해주자. 친절한 부모는 생각만 자라지 못하게 하는 것이 아니라 어휘력도 키우지 못한다.

엄마 | 한자로 이슬 로露, 잘 숙宿, 사람 자者를 쓴단다.

생각을 아주 잘 키워가고 있다. 바로 뜻을 알려주지 않고 한자로 풀어주어 스스로 의미를 찾도록 사전의 역할을 해주었다. 평상시 한자로 풀어주면 아이가 한자에도 관심을 가지게 되니 일석이조다.

아이 | 내가 크면 노숙자들에게 집도 사주고 먹을 음식도 줄 거야.

평소 나누고 사는 삶과 기부에 대해 자주 들려주었다.

엄마 | 좋은 생각과 따듯한 마음을 가진 우리 딸은 역시 큰 인물감이야. 그런데 집을 주고 음식도 주는 게 가장 좋은 방법이니? 노숙자들이 기술을 배우고 책을 읽어서 능력을 갖추게 한 다음에 직접 일하고 돈을 벌어서 먹고살 수 있도록 하는 방법은 어떨까?

아이의 기를 살리고는 좀 더 효과적인 방법을 제안하면서 판단은 아이 몫이 되도록 남겨두었다.

일상에서 아이의 마음과 생각이 자라고 있는 것을 느꼈는가. 어떤 부모는 이 대화를 살펴보면서 "아, 이렇게 하면 되는구나. 나도 한번 아이와 해보자"라는 마음이 들었을 것이다. 하지만 대개의 부모는 "대화할 상황이 닥치면 어떤 말을 해야 할지 모르겠어. 나는 이런 대사가 생각나지 않는걸"이라고 한다.

어찌해야 할지 모르고 생각이 나지 않는 것은 능력이 부족해서가 아니라 해보지 않아서다. 처음부터 완벽하게 잘하는 사람은 아무도 없다. 처음에는 서툰 것이 당연하고 자연스러운 일이다. 무언가를 능숙하게 한다는 것은 자주 해보았다는 의미로, 내가 아이와 매끄럽게 대화한 것은 처음이 아니라 자주 해보았기 때문이다. 그런데도 이미 오랜 훈련을 거친 사람과 자신을 비교하며 '나는 못해' '나와는 달라'라고 여겨 시도조차 겁내고 있지는 않은가.

아이를 기르는 일도 마찬가지다. 아이의 생각과 마음을 키우겠다며 이제 막 시작한 부모가 서툰 것은 당연한 일이다. 불안해하지 말고 자책도 하지 말고 익숙해져서 자연스러워질 때까지 연습하면 된다. 훌륭한 부모, 좋은 부모가 되기 위해서 읽고 있는 책의 사례들은 대부분 오랜 노력과 시행착오를 거친 결과라는 점을 기억해 두자. 그러면 시작하기가 조금 더 쉬워진다.

다른 사람과 비교하면 마음이 작아진다. 타인이 아닌 어제의 나와 오늘의 나를 비교하면서 성장하는 부모의 길을 선택하기 바란다. 시작하기 가장 적합한 때는 바로 지금이다. 아이의 마음과 생각을 살리는 부모가 되겠다는 다짐을 뜨겁게 응원한다.

10세 이전 육아는 대화가 전부다

초판 1쇄 발행 · 2025년 2월 28일

지은이 · 김하영
펴낸이 · 김동하

펴낸곳 · 부커
출판신고 · 2015년 1월 14일 제2016-000120호
주　소 · (10881) 경기도 파주시 산남로 5-86
문　의 · (070) 7853-8600
팩　스 · (02) 6020-8601
이메일 · books-garden1@naver.com

ISBN · 979-11-6416-241-3 03590